Ludovic Gaurier
De Pau à Valparaiso

Un pyrénéiste pendant la Première Guerre mondiale

Mémoires du XXe siècle
Collection dirigée par Jérôme Martin

Dernières parutions

Michel LEVAÏ, *La Révolution, mon père et nous*, 2022.
Sébastien LOBSTEIN et Stéphane LOBSTEIN, *Un grand-père se souvient. Mémoires d'un Malgré-Nous*, 2022.
Alexandre KELTCHEWSKY, *Mes deux « ex » : Union soviétique et Yougoslavie*, 2022.
Daniel et Jean-Pierre MILLOT, *« Vous m'avez fait pleurer tous les jours ». Notre famille dans l'Europe en guerre. 1914-1918 – 1939-1945*, 2022.
Marie-Louise ESTREM, *Muntanya blava. Du rêve républicain espagnol à l'exil forcé*, 2022.
Colin MIEGE, *« Je te promets je serai femme de soldat ». Correspondance de guerre (août 1914-mai 1917)*, 2022.
Joël FALLET, *Les maos de l'UCF. Une histoire politique 1970-1984*, 2021.
Nils BLANCHARD, *Elmar Krusman. Un Suédois d'Estonie au camp de concentration de Bisingen*, 2021.
Ahmed BENCHERIF, *Le procès des insurgés de Margueritte (Algérie)*, 2021.
Dominique CAMUSSO, Marie Antoinette ARRIO, *La vie brisée d'Eugénie Djendi, De l'Algérie à Ravensbrück, La légende et la mémoire*, 2020
Marie-Thérèse BAILLY-LANG, *Ce matin-là, 2 novembre 1943. Une famille frontalière dans les tourmentes de l'histoire*, 2020.
Loïc MANSENCAL, *Robert Monguillot ou la vie d'un sauternais requis en Allemagne nazie (1942-1945)*, 2020.
Marie-Christine LACHESE, *Albert Caralp, Journal d'un parisien pendant la Grande Guerre*, 2020.
Gueorgui SWISTOUNOFF, *Un capitaine oublié... Jacques Germain, Légion étrangère. Récit*, 2019.
Abdouh EL FASSY, *Mémoires du colonel Abdouh El Fassy, Retour vers l'envers*, 2019.
Gaston RABOT, *Volontaire calédonien du Bataillon du Pacifique. Journal de guerre (mai 1941- janvier 1944)*, 2019.

Anne LASSERRE-VERGNE

LUDOVIC GAURIER
DE PAU À VALPARAISO

Un pyrénéiste
pendant la Première Guerre mondiale

Du même auteur :
Les Pyrénées centrales dans la littérature française, Éché, 1985.
Trente ans aux Pyrénées. Vie et passions de Ludovic Gaurier, Librairie des Pyrénées, 1989.
Le Légendaire pyrénéen, Sud Ouest, 1995.
Le pyrénéiste Ludovic Gaurier, Pyrégraph, 2005.
Mythes et Symboles des Pyrénées, Gisserot, 2011.
Les Pyrénées au temps de Victor Hugo, Cairn, 2012.
Marie, Médée, Jocaste et les autres, L'Harmattan, 2012.
Antoine Victor Gaurier, la solitude d'un capitaine au long cours, H&D, 2014.
103 écrivains, une lecture des Pyrénées d'ouest en est, du XVIe au XXIe siècle, Cairn, 2015.
D'ombre et de lumière, Lucane, 2015.
Moi, je conduirai les chevaux, Lucane, 2017.
Les cailloux seront plus doux sous vos pas, Entre Deux Mondes, 2018.
L'âme en vrac, Lucane, 2020.
Pyrénées, instants volés, Cairn, 2020.
Henry Russell, montagnard des Pyrénées, Cairn, 2021.
Notre-Dame de Garaison, Cinq siècles de renaissances successives, Cairn 2022.

© L'Harmattan, 2022
5-7, rue de l'École-Polytechnique ; 75005 Paris
http://www.editions-harmattan.fr
ISBN : 978-2-14-029724-3
EAN : 9782140297243

À Raymond et à Claude, qui, en 1930, jouent, comme de tout jeunes enfants, dans le pré commun à Arreau, sans se douter que leur grand-oncle, l'abbé Ludovic Gaurier, est en train d'écrire une page de l'histoire des Pyrénées et qu'il a déjà écrit, par sa vie même, une page méconnue de l'histoire de la Grande Guerre.

À leurs descendants.

À Susana Levy Arensburg, qui vit au Chili et dont la famille a reçu Ludovic Gaurier à Traiguén, le 28 août 1918, comme en témoignent les photographies conservées, dans les archives de sa famille, par son père, *Alberto Levy Widmer*.

À Alberto Martinez Embid, qui devait préfacer cet ouvrage.

Ludovic Gaurier à Bogotá, 1917.

Note de l'auteur : Les photographies appartiennent à la collection particulière de l'auteur.

Préface

Glaciologue, limnologue, spéléologue, cartographe, pionnier du ski, Ludovic Gaurier (1875-1931) n'a cessé de parcourir, entre 1900 et 1931, la chaîne pyrénéenne, observant les glaciers, cartographiant les lacs, explorant des grottes et des puits, découvrant dans le massif de Piedrafita un pic anonyme auquel on a donné son nom.

La publication de ses travaux est, par deux fois, couronnée par le prix Gay décerné par l'Académie des sciences : d'abord en 1922 après la publication de ses *Études glaciaires dans les Pyrénées françaises et espagnoles de 1900 à 1909* ; puis, en 1929, après la constitution d'un premier atlas. Un ouvrage posthume (paru en 1934), *Les lacs des Pyrénées françaises*, présente les systèmes lacustres des différents bassins pyrénéens.

Un pan de sa vie est peu connu. Pendant la Première Guerre mondiale, l'abbé Ludovic Gaurier est chargé de deux missions de propagande française en Amérique du Sud et aux Antilles. La première, en 1916, est organisée par le Touring-Club et elle est subventionnée par le ministère des Affaires étrangères. Au Brésil, en Argentine, au Chili, il multiplie les conférences sur les villes d'art en France et en Belgique, dévastées par la guerre, afin de lutter contre la propagande allemande. À la demande de certains syndicats d'initiative, il promeut également le tourisme en France.

En 1917, la seconde mission relève uniquement du ministère des Affaires étrangères, même si Le Touring-Club, l'Office national du tourisme contribuent au financement. Il est demandé à l'abbé Gaurier de poursuivre ses conférences et de rédiger un rapport sur l'œuvre des religieux français aux Antilles, en Colombie, au Venezuela, au Panama, en Équateur, au Pérou et au Chili.

L'importante documentation qu'il a réunie, ses carnets, ses journaux de bord, ses dessins et ses photographies nous invitent à embarquer pour ces pays lointains, à parcourir des mers rendues dangereuses par la présence de sous-marins ennemis, à remonter le rio Magdalena, à emprunter le tout nouveau canal de Panama, et à porter un autre regard sur cette époque.

Les photographies, qui illustrent l'ouvrage et témoignent de ces deux missions, ont été prises par Ludovic Gaurier.

Ludovic Gaurier.

L'été 1914

C'est pour vous que j'écris mes souvenirs, Raymond et Claude. Vous les lirez bien plus tard, car, pour l'heure, vous n'êtes que des enfants courant sur les bords du gave. Votre père, mon neveu, Charles Vergne, m'a accompagné dans presque tous mes campements. Je lui laisserai le soin de compléter ces notes.

Aussi surprenant que cela puisse paraître, l'année 1914 s'annonçait, dans les Pyrénées, sous de bons auspices. Dès le premier mars, je retrouve la montagne. Je quitte Pau pour Lourdes, Pierrefitte. À Luz, je descends du tramway et gagne Gavarnie à pied. Ce n'est pas encore le printemps, plus tout à fait l'hiver, et l'air a ce je ne sais quoi qui le rend presque palpable. En m'arrêtant chez Cayré à Gèdre, dont la maison aux chambres confortables se dresse juste en face de l'église, je m'aperçois que j'ai oublié à Luz... mon sac d'excursion ! Pas question de faire demi-tour. D'autant plus que mon précieux carnet noir, miroir de la journée écoulée, n'a pas quitté ma poche. Dès l'aube du lendemain, me voici de nouveau en chemin ; quatre heures et demie plus tard, je salue la statue de Russell. Cela fait cinq ans maintenant que l'ermite du Vignemale nous a quittés.

La raison de ce retour à Gavarnie : une randonnée à skis à la Prade Saint-Jean, pour goûter l'ivresse de glisser sur la neige immaculée avec Agathe, la bonté, au pied droit, et Sophie, la science, au pied gauche. J'ai de longs skis en bois de frêne des Pyrénées. Les fixations sont de simples courroies souples afin d'éviter les entorses. Il n'y a ni ressorts ni talonnières. Je farte de graisse ou de paraffine ces skis dépourvus de carre : les enlisements sont fréquents dans la neige collante ! L'équipement est complété par un ou deux bâtons légers, par un piolet à long manche et de quoi réparer les skis. Mais cela ne m'empêche pas d'entreprendre de longues courses à travers la montagne...

Quelques jours plus tard, me voici dans le val d'Azun, puis en vallée d'Ossau. Je descends une nouvelle fois dans le puits Liébaut et la grotte Vergne, découverts en 1910 près d'Arudy. Je propose à Louis Fonteneau d'explorer la grotte de Malarode, non loin. Nous découvrons une hache et des ossements humains.

Au mois de mai, je gagne Cauterets et le refuge Wallon qui a surgi, comme par miracle, au milieu des pins rouges de la haute vallée du Marcadau, l'une des plus belles des Pyrénées, avec ses lignes douces. À vrai dire, il ne lui manque qu'un lac ; elle en avait pourtant quatre, jadis. Elle s'ouvre sur le grand plateau verdoyant du Clot que le gave enlace. Dans le lointain, s'aperçoivent d'épaisses forêts enténébrées. Plus haut, les eaux paressent sur le vaste plateau de Cayan. Plus haut encore, tout devient féérique : alors que la forêt s'étrangle dans un défilé de hautes roches, s'ouvre un troisième plateau, celui d'Estalonqué, dans un cadre de pins rouges qui escaladent au sud le dernier talus. Les refuges sont alors rares ; on en compte un au Vignemale, l'autre à Culaùs et le troisième au Marcadau.

De retour à Biarritz, dans le bureau de la villa Misbah-el-Chark, avant que ne commence la campagne estivale, je reprends mes notes sur l'enneigement des Pyrénées, l'observation des glaciers, la cartographie des lacs.

La guerre n'est pas encore une réalité. D'ailleurs, si *Le Figaro* du 19 mai s'intéresse à Winston Churchill, c'est pour évoquer sa passion pour l'aviation et les loopings. Je m'adonne, pour la première fois, à la photographie en couleurs. Je fixe sur des plaques le parc de Pau, Pau au soleil couchant, la vallée d'Ossau, la forêt d'Arudy, l'entrée de la grotte de Malarode.

En juillet, il est grand temps de penser au prochain campement, de réunir le matériel : tentes, lits, gamelles, canot, mercerie, papeterie, pharmacie, appareils photos, plaques... Comme chaque été depuis 1907, je m'apprête à sonder et à cartographier des lacs, à la demande des ministères de l'Agriculture et de l'Industrie. Partir en campement n'est pas une mince affaire ! Le 3 juillet, j'astique la vaisselle. Le 7, je commande 25 kilos de biscuits, du lait en poudre, de la marque True Milk, celui qu'emporte Ernest Shackleton lors de ses expéditions polaires – je suis loin de me douter que je vais le rencontrer à l'autre bout du monde ! Je n'oublie pas le pemmican, cette préparation amérindienne à base de graisse animale, de viande séchée, de baies, réduites en poudre, que Richard Shandon, héros de Jules Verne, embarque, lui aussi, sur son brick, le *Forward*.

Chaque été, cinq à six cents kilos de matériel sont hissés sur les monts. Une seule tente pèse vingt-cinq kilos. Il faut dire qu'elles sont en toile forte, ont près de 3 mètres de haut et 2,40 mètres de côté. Les lits, composés de quatre X en bois reliés par des X en métal et d'une toile tendue sur deux montants articulés, pèsent chacun dix kilos. Un sac en peau de mouton dans lequel se glisser pour dormir : cinq kilos. Le grand appareil photographique avec son trépied et dix-huit plaques sensibles au format 13/18 : seize kilos. Un sac de quinze kilos de charbon de bois dure huit jours. Il ne faut pas oublier le canot démontable, les instruments de mesure, les vivres, la vaisselle...

Le 1er août, alors que je m'apprête à camper au pied du Vignemale, la France décrète la mobilisation générale. Dès le 4, je rejoins, à Bordeaux, le dépôt de la 18e section d'infirmiers militaires. Versé au service auxiliaire, je suis affecté au centre de radiographie militaire, qui se trouve 8 rue Latapie, à Pau.

Même si les champs de bataille sont éloignés, la guerre s'impose à Pau. Dans mes carnets, je ne note plus la profondeur des lacs, je décris les blessures observées :

Salle 5 – Lit 21 – Raspail. Plaie de la face interne du poignet gauche au niveau de l'articulation radiocarpienne, sortie à la région hypothénar, face postérieure. Pas d'infection.

Plaie de la partie postérieure du bras. Sortie au niveau de la région bicipitale, vaste orifice de sortie. Suppuration. Une autre balle au niveau du grand pectoral.

À la cuisse, balle entrée à la partie interne de la cuisse. Sortie à la face externe. Trajet aseptique. Deux autres orifices de balles au niveau de la face interne du genou droit et au niveau moyen du péroné. Plaies non infectées.

Balle à la face externe de la jambe dans l'espace interosseux. Sortie à la face postérieure du mollet droit. Infection de l'orifice de sortie. Pas de fracture des os.

Plaie non pénétrante du thorax. Deux plaies dans la région sous axillaire, une à la région postérieure, au niveau de la pointe de l'omoplate.

29 août : Dans la nuit est décédé le sergent A. V., le premier blessé que nous avons radiographié. Il avait une balle (shrapnel) logée très profondément dans la cuisse droite. Mort par infection de la blessure après l'extraction de la balle.

30 août : À 8 heures, enterrement. Messe à la chapelle de l'École.

Chronique d'un départ annoncé

La fondation du Touring-Club de France remonte au 26 janvier 1890. Son rôle dans la promotion du tourisme, dans la protection des sites et des monuments, dans l'amélioration de l'hôtellerie est essentiel. Le Touring-Club de France se donne pour but – l'un de ses buts, devrais-je dire – d'organiser l'action des divers syndicats d'initiative. Il trouve des appuis auprès du Club alpin français, fondé en 1874 et reconnu d'utilité publique huit ans plus tard, mais également auprès d'associations des usagers de la route. En avril 1910 est institué un Office national du tourisme, placé sous la tutelle du ministère des Travaux publics.

Pendant la Première Guerre mondiale, afin de relancer, dès la fin des hostilités, le tourisme en France, en touchant plus particulièrement une clientèle anglo-saxonne et sud-américaine, le Touring-Club crée un comité de propagande touristique à l'étranger : brochures, articles, conférences, projections font connaître les sites et les monuments à visiter ainsi que les qualités curatives des eaux thermales. Le Touring-Club a pressenti très tôt l'intérêt de la photographie. Un fonds photographique de plus en plus important est destiné à faire découvrir le patrimoine architectural français et les richesses touristiques naturelles.

En 1915, est organisée une mission de propagande en Amérique du Sud. « Il s'agit », peut-on lire dans la revue du Touring-Club de novembre 1916, « de lutter énergiquement contre la propagande de nos ennemis qui répandent un peu partout les légendes les plus fâcheuses pour les industries du tourisme national. Ils affirment avec un odieux cynisme que nos monuments ne sont que ruines ; que nos hôtels, infectés par les maladies contagieuses de nos soldats, ne peuvent être habités sans danger ; que notre pays, profondément atteint par la guerre, présente un spectacle lamentable. »

Si j'ai quitté les Pyrénées pour l'hémisphère Sud, je le dois certainement à un article paru dans *Pyrénées-Océan*, le 22 janvier 1914. Paul Mielle, rédacteur en chef, constatait que, faute de publicité, les stations thermales pyrénéennes restaient encore peu fréquentées. Il ajoutait :

« Je crois devoir dire à nos lecteurs que nous avons en M. l'abbé Ludovic Gaurier le conférencier pyrénéen demandé, celui dont nos syndicats et nos fédérations pourraient aisément faire le missionnaire de la propagande pyrénéenne en France et à l'étranger. »

Paul Mielle se doutait-il que son article était prémonitoire, quand il poursuivait :

« Il en est digne d'abord par sa compétence scientifique. Président de la Commission de glaciologie des Pyrénées, membre de la Société de géographie et du Club alpin, conférencier attitré du Touring-Club, M. Gaurier sait des Pyrénées à peu près tout ce qu'il est possible d'en savoir. Chargé de mission du ministère de l'Agriculture, ses travaux sur le régime de nos glaciers font autorité.

« Ensuite, par son expérience d'alpiniste éprouvé, M. Gaurier ne m'en voudra pas d'apprendre à notre public ce que tout le monde sait, c'est-à-dire qu'il est un des huit ou dix pyrénéistes actuels – les frères Cadier compris – pour lesquels les Pyrénées d'hiver comme celles d'été, sont sans mystère ni danger. De son soulier ferré, de son ski ou de sa raquette, il a foulé tous les sommets et conquis toutes les cimes. Il a campé partout. Il a tout dessiné et tout photographié. Comme le dit un amusant proverbe anglais : Ce que cet homme ne sait pas sur les Pyrénées ne vaut pas la peine d'être su.

« Enfin, par son talent même de conférencier et sa pratique de la conférence, M. Gaurier est la simplicité même, et sa parole, c'est l'homme. »

Dès lors, les événements s'enchaînent. Le 4 juin 1915, l'évêque de La Rochelle et de Saintes, diocèse dans lequel j'ai été ordonné prêtre, m'adresse un mot pour me dire combien il serait heureux de me revoir et de bénir ma mission dans le nouveau monde. Hélas ! Sans jeu de mots, ce départ pour l'Amérique du Sud s'est apparenté à un parcours du combattant. Pourtant, tout semblait vouloir se dérouler sous les meilleurs auspices. Le 3 juillet 1915, Léon Auscher, l'un des principaux dirigeants du Touring-Club de France, m'annonce que la Compagnie générale transatlantique m'offre un aller-retour gratuit Bordeaux-Buenos Aires sur le *Samara* en partance le 10 juillet. Le ministère des Affaires étrangères m'accorde une subvention de 1 000 francs qui s'ajoute aux 1 000 francs du Touring-Club, aux 2 000 francs que j'ai déjà recueillis et aux 1 000 francs représentant le prix du passage. « Ce minimum de 5 000 francs vous est nécessaire pour entreprendre votre tournée », ajoute Léon Auscher. Il termine son courrier par une autre bonne nouvelle : je vais recevoir incessamment mon passeport.

Incessamment ? Le 10 juillet, je ne peux pas embarquer ! Le précieux papier n'est toujours pas en ma possession. Quelques jours plus tard, la situation se complique : le Touring-Club m'avertit qu'au ministère des Affaires étrangères il n'y a nulle trace de ma démarche. On me conseille de contacter de nouveau le préfet de Pau pour le prier de faire une autre demande par télégramme. Mais il me paraît bien difficile, voire impossible, d'obtenir cette pièce indispensable pour le 24 juillet, nouvelle date annoncée pour mon départ. À moins..., à moins que je n'apporte moi-même à Paris la demande visée par le préfet.

Pour le cas où je serais rappelé sous les drapeaux, il m'a fallu solliciter un sursis d'au moins six mois : soit deux mois de voyage et quatre consacrés à des déplacements au Brésil, en Argentine et au Chili. Pour l'heure, je n'ai toujours pas reçu de réponse ! Le 21 août 1915, Léon Auscher m'écrit : « Nous ne savons que penser des difficultés de tout ordre qui ont entravé votre départ jusqu'ici, et nous saisissons aujourd'hui même Monsieur Fournol de la situation qui vous est faite. » Le 25 août, il me précise : « Je me suis empressé de transmettre votre demande de sursis à M. Fournol ; j'ai vivement insisté auprès de lui pour qu'une solution intervienne enfin. »

En mai 1915, Théophile Delcassé, alors ministre des Affaires étrangères, a créé un service de propagande, destiné à agir à l'étranger, et il en confie la responsabilité à Etienne Fournol, qui fut député de l'Aveyron. Quand en octobre 1915, Delcassé démissionne et redevient député de l'Ariège, Aristide Briand, qui lui succède, renforce le service de propagande. Philippe Berthelot, son nouveau chef de cabinet, entreprend de réunir dans un même lieu les services de presse et de propagande.

À la mi-septembre, alors que bien des gens me croient dans le nouveau monde, j'apprends, par un courrier adressé par le cabinet du ministre de la Guerre, qu'il n'a pas semblé possible à la Direction générale des services de m'accorder le sursis demandé. Nouveau rebondissement : le 29 octobre, le Touring-Club de France m'avertit que mon départ est imminent et que ma mission prend fin le 20 février 1916.

Quatre mois ! Il n'y a pas de temps à perdre. La gratuité du passage sur la Compagnie générale transatlantique n'est pas remise en cause. Bien au contraire ! On me confirme la faveur spéciale qui m'est consentie sur le prix du billet aller-retour en première classe de Bordeaux à Buenos Aires, avec faculté d'arrêt dans les différentes escales desservies par le paquebot. Seul le prix des repas est réclamé. Le décompte des deux traversées est calculé ainsi : 49 jours à raison de 10 francs par jour, soit 490 francs. La démarche est simple : s'inscrire, puis se présenter dans les bureaux de la compagnie la veille du départ ou, au plus tard, le matin même avant dix heures.

Mais les contretemps se multiplient. Il n'y a plus de place sur le bateau qui quitte Bordeaux le 30 octobre. Aucune le 13 novembre sur le *Sequana,* un paquebot mixte construit à Belfast en 1898, et qui sombrera en juin 1917, coulé par un sous-marin allemand. Il n'y en a pas davantage sur le paquebot

Hudson, le 23. Je peux enfin réserver une cabine sur le paquebot poste *Divona* qui doit quitter Bordeaux pour La Corogne, Lisbonne, Dakar, Rio de Janeiro, Montevideo et Buenos Aires, le 27 novembre. Ironie du sort, le navire est alors réquisitionné et devient bâtiment hôpital. Finalement, le 4 décembre 1915, j'embarque sur le *Liger*.

Le Liger, avec ses 134 mètres de longueur, sa puissance de 36 000 chevaux, déplace 11 000 tonnes. Construit en 1896 par Fairfield Govan et lancé à Glasgow sous le nom de *Tintagel Castle*, ce paquebot mixte navigue pour la Compagnie de navigation Sud-Atlantique depuis 1912, c'est-à-dire dès la création de cette compagnie dont quatre paquebots assurent la liaison entre Bordeaux et Buenos Aires tous les quatorze jours. Six paquebots mixtes, plus lents dans leurs rotations, complètent la ligne. Pendant la Première Guerre mondiale, la compagnie perdra cinq de ses navires.

Les ancres sont levées. J'aperçois, éclairés par les faibles rayons du soleil d'hiver, tous les détails des rives que je connais si bien : ma maison natale sur l'île d'Oléron où reposent les miens. Alors que le bateau navigue dans le golfe de Gascogne, je pense à tous les amis que la guerre a déjà emportés : le pyrénéiste Henry Motas d'Hestreux qui avait réussi la périlleuse ascension du Capéran de Ger ; Albert Badenhuyer qui a participé à mes campements : sous-lieutenant au 41e régiment d'artillerie, il est mort pour la France, le 26 juillet 1915, à l'âge de 27 ans ; loin de Pamiers où il est né, loin des Pyrénées, à Orbey, dans le Haut-Rhin. Ni la croix de guerre ni sa nomination de chevalier de la Légion d'honneur à titre posthume pour sa bravoure ne peuvent atténuer la douleur de sa mort. Deux jours auparavant, blessé par des éclats d'obus, il n'avait pas voulu interrompre son service. Le 26 juillet, détaché sur la ligne de combat comme observateur d'artillerie, il est tué au cours de sa mission, mais après avoir pu donner, aux batteries dont il était chargé de régler le tir, de précieux renseignements. Albert était ingénieur de Centrale Paris, promotion 1912. Il a rejoint ses deux jeunes frères morts aussi pour la France : Raymond le 25 août 1914, Yvon le 15 janvier 1915.

Je ne sais pas encore qu'un sort identique attend Raymond Liébaut, fidèle ami de mon neveu Charles Vergne. Sergent-mitrailleur au 50ᵉ régiment d'infanterie, il se distingue le 26 janvier 1916 en allant déterrer sous un feu violent une mitrailleuse ensevelie par l'explosion d'une mine allemande. Le 10 mars 1916, à Neuville-Saint-Vaast, atteint par un éclat d'obus dans la colonne vertébrale, paralysé, il décède, huit mois plus tard, le 1ᵉʳ novembre, à l'hôpital Sainte-Marie d'Aix-la-Chapelle. Il avait 23 ans.

Sur la rive droite de la Garonne, à Bassens, des prisonniers allemands sont occupés à construire de nouveaux quais. Rien de particulier ne marque la descente du fleuve. Le *Liger* gagne l'Océan. Les feux de la Coubre et de la Cotinière indiquent Saint-Trojan. À bord, les lumières sont masquées. Le pont est encombré d'officiers et de sous-officiers : un contingent de Sénégalais revient du front.

Le commandant Georges Bourge, qui a navigué pour la Compagnie de navigation Sud-Atlantique, m'a remis des lettres d'introduction, destinées à ses amis de l'Uruguay et de La Plata. Le 28 juillet, George Bourge m'écrivait depuis Toulon qu'il avait quitté Bordeaux pour suivre les essais du *Gallia,* réquisitionné afin d'assurer le transport des troupes de l'armée d'Orient. Le *Gallia* est coulé le 4 octobre 1916.

Traversée de Bordeaux à Buenos Aires

Bordelais de naissance, citoyen de Pau par adoption, et pyrénéiste par inguérissable folie, me voici naviguant vers l'Amérique du Sud. Tout là-bas, dans le lointain, se devine un quatre-mâts. La mer ! Il faut croire que l'on ne peut échapper à certains atavismes. Il m'a suffi d'embarquer sur le *Liger* pour me sentir relié à la longue lignée de marins à laquelle j'appartiens, installée sur l'île d'Oléron depuis au moins le XVIIe siècle. Je suis le premier à rompre avec la tradition familiale, à ne pas m'adonner au cabotage ou à n'être pas capitaine au long cours, comme mon père, Antoine Victor Gaurier.[1]

Dès le 6 décembre, nous sommes en rade de La Corogne, entre un bateau espagnol et le *Belgrano*, paquebot battant pavillon allemand. Personne ne descend à terre, le *Liger* n'embarque ni émigrants ni marchandises. Des vendeurs à bord de canots viennent offrir des pommes, des oranges, des cartes postales, hissées dans un panier. Le golfe est entouré de collines, comme au Pays basque. À l'extrémité d'une digue rocheuse, le soleil éclaire un fortin à la Vauban.

Le bateau longe à bâbord la côte d'Espagne. Bientôt une tour blanche se dresse sur des rochers curieusement découpés. C'est le cap Finisterre et son phare. Le soleil se couche et lance un rayon vert ! Au moment où le disque solaire achève de disparaître dans l'eau, son dernier segment pâlit, puis devient d'un vert pâle éclatant. Ce n'est qu'un éclat

---

[1] *Antoine Victor Gaurier, la solitude d'un capitaine au long cours*, Anne Lasserre-Vergne, éditions H&D.

rapide dû à la traversée de la couche liquide par le dernier rayon.

Le lendemain, le *Liger* pénètre, par une passe étroite, dans le port sardinier de Leixões. Un pilote monte à bord. Deux autres vapeurs, dont un navire français, nous suivent ; l'un a mal pris son mouillage, il quitte la passe pour aller virer. Une flottille de petits chalutiers à vapeur est à l'ancre. Dans une embarcation, des femmes, pieds nus, drapées dans des châles éclatants, entourées de corbeilles d'oranges et de pommes, proposent des fruits comme à La Corogne.

Trois heures plus tard, un bateau vient chercher les soldats autorisés à descendre. J'embarque avec eux. Je connais l'Espagne, mais je n'ai jamais foulé la terre du Portugal. Le tramway court vers Porto, suit une route bordée de maisons aux façades couvertes de carreaux de faïence. Le Douro, à son embouchure, roule des eaux jaunes entre deux hautes rives : celle de droite porte la ville qui monte depuis le fleuve jusqu'au sommet de la colline. Sur la rive gauche, s'éparpillent des villas.

Mais nous n'avons d'yeux que pour les attelages de bœufs aux cornes démesurément longues : ils portent un joug vertical, en bois sculpté, parfois ajouré et peint. Les rues, par endroits dallées avec de grandes plaques de granite, grimpent à qui mieux mieux. Est-ce pour éviter d'y glisser – ou par économie – que les femmes vont jambes nues et pieds nus ? Elles sont vêtues de jupons, de châles multicolores et portent sur la tête des charges énormes.

Notre arrivée sur la place principale provoque un rassemblement où se mêlent autant de sympathie que de curiosité. J'aperçois l'Hôtel de Francfort, le consulat d'Allemagne et les bureaux, fermés, de la Hamburg-America. Mais les étalages des libraires proposent des livres français ; le portrait de Joffre occupe les vitrines, et l'affiche du cinéma annonce : « La France avant tout ». Un bambin d'une douzaine d'années m'accoste et se montre très fier de parler français ; il se rend au lycée avec ses livres sous le bras. La plupart des commerçants parlent notre langue, ou du moins la comprennent.

Il n'en est pas de même au restaurant. La connaissance de l'espagnol nous permet de commander un menu où se distingue un plat délicieux de tripes accommodées avec de la tomate, des haricots, des *garbanzos* et du saucisson. Mais quelle difficulté pour évaluer en reis notre dépense !

Pas question de regagner le navire sans visiter la *torre dos Clérigos,* la tour des Clercs, aux ornements lourds, sculptés dans le granite. Nous entrons aussi dans deux églises encombrées de dorures, de colonnes torses, de guirlandes où jouent des angelots. Les chapelles latérales, drapées de rideaux, offrent la même profusion de décorations qu'en Espagne. L'une des églises, ornée pour la fête du lendemain, est garnie de satin, blanc et bleu, de rubans. Sa façade est curieuse : tout un mur représente en camaïeu bleu pâle une scène religieuse.

Dix-sept heures. Il est temps de regagner le navire. La puissance du vent a augmenté, la houle est forte. J'embarque, avec des soldats, dans un canot. Bercés par les flots, nous attendons que remontent à bord du *Liger* les officiers qui ont pris place dans deux autres embarcations. L'opération est longue, les vagues soulèvent et abaissent le canot ; la coupée est haute : le navire est peu chargé. Il faut saisir le moment précis où le canot se relève pour sauter sur la plateforme. Dans le grincement des chaînes du treuil, l'embarquement des marchandises continue jusqu'au lendemain.

De bon matin, le 9 décembre, le calme succède au roulis. Le *Liger* est ancré dans le Tage. Sur la rive droite, la ville s'étend à perte de vue : baignant ses murs dans le fleuve, la célèbre tour de Belém, l'abbaye des Hiéronymites et, dominant la colline, le palais royal d'Ajuda. Le capitaine Théron[2], qui commande le *Liger,* me montre le palais des

---

[2] Est-ce le nom exact du capitaine du *Liger* ? C'est celui que je déchiffre dans les carnets de Ludovic Gaurier.

Nécessités, et déplore que l'on ne tire pas un meilleur parti d'une si belle rade :

« Les Anglais ont merveilleusement transformé Hong Kong, me dit-il. Ils ont le sens pratique des affaires et n'hésitent pas à engager des sommes énormes pour réussir ; tandis que nous, latins, gens timorés, nous regardons toujours à deux fois avant de rien entreprendre ; et l'entreprise commencée, nous avons si peur de perdre que nous ne risquons que des sommes infimes, donc sans grand résultat. »

Le *Liger* n'appareillant que le lendemain, j'en profite pour visiter Lisbonne. J'embarque avec M. Roserot, administrateur de 1re classe à Dakar, sur un petit vapeur qui longe des navires de guerre portugais barrant le fleuve et gardant prisonniers une trentaine de vapeurs allemands. Une fois à quai, par la Rua do Corpo Santo nous gagnons la place du Commerce, spacieuse et nue. C'est là, devant l'Hôtel des Postes, que Don Carlos I fut assassiné avec son fils Don Luis, frère de Manuel II. Nous passons sous un arc que dominent de grandes statues de marbre blanc, empruntons la rua Augusta qui nous mène dans le cœur de Lisbonne, un quartier neuf, tracé en damier ; partout ailleurs, la ville escalade les collines pour redescendre dans d'autres vallons. Certaines rues grimpent tant qu'on a construit des ascenseurs électriques. Des tramways montent et descendent avec une rapidité surprenante. Quelle belle publicité pour les ingénieurs et... les freins ! Ils sont munis d'une sorte de pelle destinée, semble-t-il, à ramasser les imprudents et à les déposer sur le côté ! À voir la circulation, de nombreux piétons doivent être relevés ainsi ! Dans le dédale des vieilles rues étroites il est un veilleur à chaque tournant.

Pendant que M. Roserot change de la monnaie au Crédit lyonnais (avec le change, on gagne 25 % sur l'argent portugais), j'achète un plan de la ville. Dans l'église Sé de Lisboa se restaure un très beau chevet gothique. Après avoir traversé la place Don Pedro IV, nous poussons la porte d'un restaurant, derrière le théâtre Doña Maria II. Le hasard seul préside au choix des plats. On nous sert un *gardo,* poisson volumineux à en juger par l'épaisseur des tranches, accommodé d'une sauce au beurre. Ayant demandé des *tripas,* nous voyons arriver, accompagnées d'épinards, de minces saucisses à la tomate !

Il ne sera pas dit que nous ne jouerons pas les touristes. Un funiculaire nous emporte dans le jardin de São Pedro d'Alcantara, d'où l'on domine la ville et les tours blanches du Panthéon Royal, situé dans le monastère de São Vicente où sont réunies les dépouilles de cinquante-neuf membres de la dynastie de Bragance qui a régné sur le Portugal entre 1640 et 1910. Dans le cloître, sur les murs revêtus jusqu'à mi-hauteur de faïences bleues, une étonnante fresque représente des fables de La Fontaine. Les personnages sont vêtus comme au temps de Louis XIV ou de Louis XV. Dans la chapelle funéraire dorment les rois et princes de la famille de Bragance. Sur de hautes consoles reposent de très beaux cercueils, recouverts, sauf deux ou trois, d'un drap mortuaire. Le guide relève un des draps et m'invite à monter sur un escabeau pour regarder le mort. On le voit, en effet, à travers la vitre qui forme le dessus du cercueil : je découvre Don Pedro II et sa femme, Don Luis I, empereur du Brésil, et d'autres rois jusqu'à l'infortuné Don Luis reposant auprès de son père qui, pour avoir été défiguré, n'est pas visible. Un grand nombre de cartes de visite sont épinglées sur les couronnes mortuaires de ces deux victimes de la révolution portugaise.

Des ruelles, ou plutôt d'interminables escaliers, descendent jusqu'au port. Sur les façades des maisons badigeonnées de rouge et d'ocre ou plaquées de faïence sèchent des oripeaux multicolores. Tout le monde va nu-pieds parmi les détritus de légumes et de poissons. Une jolie marchande, aux grands yeux noirs, à la peau mate, des pendeloques d'or aux oreilles, un châle artistement posé sur ses épaules, porte sur sa tête un panier empli de poissons. Jusqu'à minuit, la circulation est intense, les cafés bondés :

c'est la cohue ordinaire des villes du midi. Les veilleurs circulent avec leurs clefs comme en Espagne.

Quand, le lendemain matin, nous remontons à bord, le chargement n'est pas encore terminé. Ancré à nos côtés, un contre-torpilleur anglais, arborant son pavillon de guerre, fait le plein de charbon. En fin d'après-midi, le *Liger* prend la mer. On masque les lumières. Le navire a stationné sur les côtes d'Espagne et du Portugal ; et il transporte plus de huit cents militaires dont de nombreux officiers et gradés. Il y a de quoi tenter un sous-marin ennemi d'autant plus que les espions ne manquent pas, paraît-il !

Dans la nuit brusquement tombée, le paquebot laisse l'estuaire du Tage. Bien lesté, il ne tangue plus, mais commence à rouler. À table, sont étrennées les cordes de roulis. La houle, le vent et la pluie sont notre meilleure sauvegarde contre les sous-marins ennemis. Il n'y a aucune illusion à se faire : si nous sommes torpillés, bien peu d'entre nous seront sauvés.

11 décembre 1915 : latitude N. 36°16' ; longitude O. 14°05' ; distance de Lisbonne : 198 milles ; jusqu'à Dakar : 1 348 milles. On règle l'heure de bord, en la retardant de 35 minutes sur le méridien de Paris. Décidément, je suis bien le fils d'un capitaine au long cours, les pages de mon carnet me le rappellent encore.

Les journées s'étirent monotones. Je joue à la manille avec un officier rêveur, qui dit avoir besoin d'un repos cérébral complet pour se remettre du bruit des marmites. Plus tard, je repenserai à lui quand je lirai ces vers de Guillaume Apollinaire :

« Ma Lou, je coucherai ce soir dans les tranchées
Qui près de nos canons ont été piochées
C'est à douze kilomètres d'ici que sont
Ces trous où dans mon manteau couleur d'horizon
Je descendrai tandis qu'éclatent les marmites
Pour y vivre parmi nos soldats troglodytes. »

Éclairées par la lune, les vagues soulevées par l'étrave laissent des traînées d'argent. Le tropique du Cancer est franchi le 14 décembre. Longitude N. 22°10' ; latitude O. 19°36' ; distance depuis hier : 306 milles ; jusqu'à Dakar : 466 milles.

C'est une question bien pratique qui me préoccupe alors : vais-je pouvoir changer de cabine à Dakar, puisque le bateau se vide ? La mienne, à côté des chaudières, est une étuve. Je ne devrais pas me plaindre ! Les émigrants ne jouissent d'aucun confort, à l'arrière du bateau.

Émigrants sur le pont du Liger.

En guise d'au revoir, un concert est donné sur le pont. Pour décor, les pavillons ; les jeux de palet en guise d'estrade. Se produit d'abord un chanteur de La Scala. Puis une passagère entonne l'air de Salomé dans *Hérodiade*, un extrait de La coupe du roi de Thulé et l'Air des bijoux. Rien n'égalera le chant final : la Marseillaise par tous ces hommes qui ont versé leur sang pour la France, alors que le navire glisse sur l'Océan désert, illuminé par la lune. Le lendemain, je baptise France-

Marie, fille de Maria da Assumpçao et de Manuel Augusto Ribeiro, née au large du Sénégal.

Le jeudi 16 décembre, à une heure du matin, le *Liger* est en rade de Dakar. Prévenus par T.S.F., les charbonniers – des chalands portant trois élévateurs dont les seaux se déversent, par des conduites mobiles, dans la soute du bateau – accostent immédiatement le paquebot. À l'arrière, sous la seule clarté d'un réflecteur, a lieu le déchargement des bagages sortis la veille de la cale. De petits vapeurs débarquent les troupes, dans le grincement des treuils, le tonnerre du charbon qui s'écroule.

À midi, l'ancre est levée. Nous longeons la petite île de Gorée sur laquelle on distingue le lazaret. Je dispose d'une nouvelle cabine, à bâbord, et dîne à la table du commandant qui a installé son pianola dans le salon ; les leviers fonctionnent mal, et les morceaux joués, *Carmen* ou *La Veuve joyeuse*, manquent de nuances. Son instrument n'égale assurément pas les appareils fabriqués par la compagnie Æolian de Détroit.

Le troisième dimanche passé à bord est marqué par un événement : un trois-mâts est aperçu dans le lointain ! Encore 842 milles, et nous atteindrons Pernambouc... Pernambouc, ce nom m'a toujours fait rêver quand Ruy Blas, ironisant, dénonce la corruption des ministres :

« Conseillers vertueux ! Voilà votre façon
De servir, serviteurs qui pillez la maison !
[...] Tout s'en va. Nous avons, depuis Philippe Quatre,
Perdu le Portugal, le Brésil, sans combattre ;
En Alsace Brisach, Steinfort en Luxembourg
Et toute la Comté jusqu'au dernier faubourg,
Le Roussillon, Ormuz, Goa, cinq mille lieues
De côte, et Pernambouc, et les montagnes bleues ! »

Ah, Victor Hugo ! Je regrette de ne pas avoir emporté l'un de ses livres...

Le lendemain, nous entrons dans l'hémisphère Sud. Deux jours plus tard, à tribord, dans le lointain, se dessine la côte du Brésil. On distingue à la lunette quelques maisons blanches isolées dans la verdure. Sous les arbres se devinent de petites cases trapues. Deux paquebots ont fait naufrage sur les bancs de sable.

Des maisons, perdues dans un fouillis de verdure, escaladent une colline : c'est Olinda. Le port de Pernambouc est artificiel : sur une digue naturelle de corail on a assis une longue jetée. À son abri, depuis dix-huit mois, sont rangés des transatlantiques allemands. Ils sont libres de sortir : il suffit de faire les déclarations d'usage, mais les marins savent bien qu'ils n'atteindraient pas l'Allemagne.

J'aurais voulu voir de près une *jangada* : simple radeau allongé, formé de planches clouées sur trois traverses. On dresse un mât, une voile triangulaire assez grande et cette embarcation file avec une rapidité extrême, passe dans la vague comme un poisson. L'équipage, debout sur ce plancher sans rebord, semble marcher sur l'eau.

Dans la soirée, je consulte avec le capitaine des cartes détaillées, dressées, au XIXe siècle, par Ernest Mouchez, officier de marine, géographe et astronome, qui fut également directeur de l'Observatoire de Paris. Ernest Mouchez a exploré le bassin de la Plata, les côtes du Brésil, levant les plans de fleuves et de baies. Au cours de ses voyages, il a déterminé les longitudes et les latitudes des principales villes où il séjournait.

Le 23 décembre, la côte n'est plus en vue. Vers huit heures, pour régler les calculs de déclinaison, le navire se met à l'arrêt. Latitude S. : 11°44' ; longitude O. : 39°14' ; distance de Pernambouc : 254 milles ; jusqu'à Bahia : 141 milles. Tout l'après-midi, le *Liger* fait des ronds dans l'eau afin de régler les compas.

Au cœur de la nuit, Bahia étincelle. Une longue ligne de lumières régulièrement espacées escalade une colline sombre avant de se perdre dans l'éclairage de la ville. La cité grimpe depuis les quais jusqu'au sommet de la colline. Le bateau glisse vers le mouillage. Immobiles, des formes noires apparaissent : des paquebots à l'ancre.

Dès les premières lueurs, la vaste baie se révèle dans son charme surprenant. Sur une eau calme, qui reflète en teintes douces un ciel léger, de petites barques aux voiles blanches glissent lentement vers les côtes bordant l'horizon à l'ouest et au sud. Des steamers sont mouillés : un anglais, deux brésiliens et de nombreux paquebots allemands... à l'ancre, là aussi !

La ville est encore dans la pénombre. Seul trait saillant : une multitude de clochetons ; chaque église en a deux. Tout est uniformément bâti dans le style jésuite, et l'on dirait des colombiers. Bahia possède, me dit-on, trois cent soixante églises ou chapelles ; la baie de Bahia est bien celle de tous les saints !

Des bateliers offrent de porter à terre les passagers ; des barques proposent des ananas, des oranges, des mangues, des perroquets et des singes. Les autorités se font attendre. Quand les passagers peuvent enfin emprunter les canots, la chaleur est déjà torride. Je me coiffe d'un casque colonial, ce qui me vaut dans les rues de Bahia un succès de curiosité, quelques sourires amusés. Cependant l'expérience est probante car je cheminerai de neuf heures du matin à cinq heures du soir sous le soleil, sans souffrir de migraine.

Les canots longent un vieux fortin du XVIIe siècle au milieu du port, arrondi comme le fort du Chapus construit face à la citadelle du Château-d'Oléron, mais sans tour : le fort de São Marcelo. Il a des canons, et quels canons ! On dirait des mitrailleuses. Peu après, nous entrons dans un port encore plus petit que celui de Saint-Trojan, et débarquons devant le marché. Je découvre l'exotisme : des amoncellements de fruits aux odeurs fortes, des ananas empilés comme s'ils étaient versés par des tombereaux, des melons énormes de forme oblongue, des courges, des mangues, des fagots de cannes à sucre, des racines de manioc, et, dominant tout de son odeur un peu écœurante, le cajá : un fruit bizarre, de la forme d'un piment ou plus exactement d'un bonnet phrygien, dans lequel serait enfoncé en sens inverse un autre bonnet plus petit, ou un haricot : le grand bonnet est d'un beau jaune pâle, le petit est vert ou noir. D'autres fruits, que je vois pour la première fois, sont empilés dans des corbeilles ou répandus à même le sol. Il y a des cages emplies d'oiseaux aux couleurs superbes, de petits singes jaunâtres, gros comme des écureuils, et des ouistitis minuscules, avec une jolie queue rayée, de grandes oreilles poilues encadrant un museau semblable à celui de la chauve-souris. Il y a des peaux de chats-tigres, rongées par les mites. L'intérieur du marché, plus ordonné, offre au regard de magnifiques éventaires.

Les femmes sont presque uniformément habillées d'une jupe simple, noire ou colorée, et d'une longue camisole en dentelle, d'une blancheur immaculée. Presque toutes nu-tête, avec dans leurs légers cheveux crépus une branche de pitanga, en l'honneur de Noël. C'est la plante porte-bonheur qui remplace ici le gui : tout en est orné, les étalages, les voitures, les harnais des chevaux ou des ânes, les tramways, la chevelure des femmes, le chapeau des hommes. Le parquet du restaurant en est jonché ; des feuilles ont même été éparpillées sur les tables. Quand on les froisse, elles exhalent une agréable senteur.

Dans le haut de la ville où l'on monte en empruntant l'un des nombreux funiculaires, je croise des femmes habillées de couleurs vives, coiffées de larges chapeaux, souvent en mousseline garnie de fleurs délicates. Pour l'œil d'un coloriste, c'est une vraie fête.

Un tramway m'emporte vers la nouvelle avenue qui passe au phare du Barro. Il sort de Bahia par une longue route bordée de villas perdues au milieu d'une végétation superbe : palmiers, cocotiers, caoutchoucs... Parfois, sous le soleil aveuglant, entre les arbres se découvre la baie aux eaux si pâles. Le tramway s'arrête devant le phare São Antonio. Près du fort de Santa Maria, je photographie des embarcations de pêcheurs et des amoncellements de fruits. Je goûte, près des quais, les plats locaux : un bon potage, des huîtres portugaises si chaudes que je crache sans cérémonie la première, réexpédie l'assiette et décide de ne plus manger d'huîtres tant que je serai dans la zone équatoriale. Le *vatapa a bahiana*, plat de poisson à la mode de Bahia, est un brouet jaune semblable à des œufs brouillés, servi avec un morceau de tapioca en pâte, destiné par sa fadeur à éteindre l'incendie auquel mon palais n'est pas habitué. Toutes les piperades du Pays basque ne sont rien à côté de cet amas d'épices. Renonçant au *caruru* qui suit, et dont deux bouchées suffisent à me prévenir que l'incendie va redoubler, je déjeune d'une cervelle au beurre noir exécutée sur mes indications. Le vin est bon. Une coupe de fruits délicieuse rafraîchit mon palais.

Je laisse mes compagnons dans le café où ils viennent de goûter une *cajuada*, rafraîchissement à la noix de cajou, sorte de limonade d'aspect trouble et laiteux, et de goût indéfinissable. Après une promenade dans les rues et sur le sable blanc, éblouissant, de la plage, je reviens à bord au moment où, dans le port, embarquent des gens qui vont passer les fêtes de Noël dans l'île d'Itaparica, de l'autre côté de la baie. Sous le soleil qui décline, la rade s'anime : des voiles glissent sur l'eau comme un jour de régates. Le commandant m'invite à monter sur la passerelle. Sous les étoiles étincelantes Bahia brille de mille feux. Une canonnière brésilienne braque sur le *Liger* son projecteur, et la marine donne l'autorisation de lever l'ancre. Le paquebot se dirige lentement vers la passe et prend le large.

Le lendemain, rien ne rappelle à bord que nous sommes le jour de Noël et rien n'accrochera le regard, si ce n'est, en début de nuit, la lueur du phare des îles Abrolhos. Le 27 décembre, la côte, formée de montagnes, de pics aigus, sur lesquels traînent des nuages, se rapproche. Le navire dépasse cap Frio, promontoire volcanique balayé par des vents particulièrement froids, surtout pendant les mois de juin et juillet. Un siècle auparavant, le botaniste Auguste de Saint-

Hilaire y découvrit des espèces nouvelles. Son herbier est conservé au Muséum national d'histoire naturelle.

Aux abords de Rio, à travers la buée qui flotte sur la mer, s'aperçoivent la Pedra da Gávea, le Corcovado sur lequel sera édifiée la célèbre statue du Christ rédempteur. Le Pain de Sucre et son câble aérien s'estompent dans le brouillard. Depuis la passerelle, je photographie la côte que le commandant me détaille. Nous longeons des îlots dont les dalles de granite plongent obliquement dans la mer, sans une aspérité.

Le navire passe entre le Père et la Mère, deux îlots, garnis de hauts palmiers, qui barrent l'entrée de la baie. Des forts en ciment sont dissimulés au ras de l'eau, et un îlot, ou plutôt un rocher échoué près du Pain de Sucre, n'est qu'une coupole bétonnée : c'est le fort de Lage qui, avec celui de Santa Cruz à tribord et celui de San José à bâbord, défend l'entrée du port.

Comment ne pas penser à la description que fait de la baie de Rio le capitaine de vaisseau Louis de Freycinet, embarqué, en 1817, sur la corvette *Uranie* pour un voyage autour du monde afin de déterminer, sur ordre du roi, la figure du globe. Il est émerveillé par la végétation luxuriante, peuplée d'oiseaux magnifiques et de papillons d'une rare beauté.

Un peu plus loin, sur une autre île, se dresse un quatrième fort, celui de Villegagnon qui porte le nom d'un explorateur français, né au début du XVIe siècle. Des navires de guerre sont à l'ancre. Entre les mornes, une ville superbe, avec ses monuments blancs et ses villas riantes perdues au milieu des jardins, grimpant le long des collines ou courant le long des plages. L'île Fiscal est un monument gothique jailli des eaux. Dans la baie dont les caps multiples découvrent, à mesure qu'on les dépasse, des perspectives nouvelles, de nombreux vaisseaux, paquebots et voiliers, sont immobiles sur le miroir calme, tandis que les vedettes à vapeur courent de l'un à l'autre. Encerclant l'ensemble, les dentelures des mornes, la ceinture des forêts et, à l'horizon bleuté, la Serra dos Órgãos déchirant le ciel de ses obélisques extravagants. Un décor invraisemblable et fascinant !

Le *Liger* accoste près du *Flandre* arrivé le matin même, et du *Sequana* qui vient de Buenos Aires et repart pour Bordeaux. Ces deux paquebots de la Compagnie générale transatlantique assurent le service sud-atlantique.

A bord du Liger, 1915.

Me voici parvenu au premier terme de mon voyage. Une auto me conduit chez les pères lazaristes, au pied du Pain de Sucre. Un frère un peu rébarbatif vient ouvrir…, puis s'en va, sans un mot, prévenir le visiteur, M. Pasquier, qui, lui, très cordialement, me mène jusqu'à ma chambre qui m'attend… depuis le mois d'août ! Mon colis de livres sur la guerre est là, intact.

Je n'aurais pu rêver d'un séjour plus heureux et tranquille : dans un jardin empli de lys, de roses, de géraniums, de bégonias et de cent plantes inconnues, se dresse un petit pavillon. Ma chambre est dans un angle du patio, elle s'ouvre sur le jardin. La pièce est blanchie à la chaux, le plafond s'élève à près de quatre mètres. Dans un coin un petit lit avec sa moustiquaire ; un mobilier en pitchpin, un bureau d'acajou. La chambre voisine est occupée par le second de la communauté, le père Castaldo, un Italien, qui avec beaucoup de prévenance s'empresse de me présenter la plus gracieuse fleur du jardin, la medinilla lambada.

Je fais la connaissance de tous les membres de la petite communauté : l'ancien archevêque de Porto Alegre, Mgr Claudio, un vieil homme aussi prévenant que vénérable ; le père Renaud, supérieur, est un Meusien, sans nouvelles de sa famille depuis un an et demi ! Un autre français, M. Picot ; un Brésilien, le père Quintao, et un autre père italien, M. Franceschi. Le service est assuré par deux frères allemands sous la direction d'un frère belge ! Un beau résumé de l'Europe !

Depuis que je suis à terre, je suis accablé par la chaleur. Mes vêtements, devenus lourds, incommodes, collent au corps au moindre mouvement, comme le simple fait de s'asseoir pour écrire une lettre. La mer est à deux cents mètres de ma chambre ! Je rêve de fouler les plages de sable blanc, de plonger dans les eaux calmes de la baie ! Je croise, chaque matin, des gens qui sortent de l'eau et reviennent chez eux, drapés dans leur peignoir. Mais ici il m'est interdit de me baigner, et ma tenue n'est guère adaptée. Pour tout dire, j'avais perdu dans les Pyrénées l'habitude de porter une soutane. Elle me gêne pour marcher, pour monter dans un tram ; vêtu ainsi, il m'est désormais impossible de fumer dehors, de m'attarder devant une vitrine ; bref, j'ai perdu la liberté de mouvements. Et le décorum est pesant. Moi, le solitaire, que mes amis pyrénéens surnomment l'Ours, je renoue difficilement avec la vie en communauté. Le soir, si je rentre à huit heures moins le quart, la porte du monastère est déjà fermée !

À vrai dire, ce sont de bien menus désagréments, car l'hospitalité est si parfaite que j'ai vite dépassé un moment de découragement lorsqu'à la douane on m'a réclamé 100 000 reis pour deux kilos de films ! S'il avait fallu payer pour la totalité des films et des plaques, il ne me restait plus qu'à me faire rapatrier. Je donne deux conférences, l'une à la Société de géographie, l'autre à Petrópolis, la cité impériale du Brésil !

Rio n'est qu'une étape. Le 31 janvier 1916, j'embarque pour Buenos Aires sur le *Garonna,* qui a les mêmes caractéristiques que le *Liger*. Le Pain de Sucre, le Corcovado, Vista Chinesa, la Gávea, Nictheroy, la plage d'Ipanema, que le paquebot longe, sont devenus un panorama familier.

Le lendemain, le navire se présente à l'entrée de la rivière de Santos. L'entrée du golfe n'est pas large : à bâbord, des maisonnettes, éparses au milieu de la forêt en friche. Dans une enceinte de montagnes un grand bassin est formé par les alluvions. Longuement le *Garonna* remonte la rivière agitée par un vent violent. Quelques cases sont bâties sur les rives. Voici Santos, avec les inévitables paquebots et cargos allemands à l'ancre et un trois-mâts goélette.

Les émigrants descendent. Tout au long du jour, et jusqu'à vingt-deux heures, sont embarquées des bananes. Il y en a partout, dans les entreponts, sur les différents ponts où un énorme mur de régimes empilés court de chaque côté : la compagnie, qui gagne 0,50 par régime, est heureuse d'en entasser des milliers. Mais le chargement est lent, les régimes sont comptés un à un.

Le hasard est-il malicieux ou n'y a-t-il pas de hasard ? À bord du *Garonna* (déjà cela ne s'invente pas !), le médecin est originaire de Bétharram, hameau situé entre Lourdes et Pau, et il a pratiqué à Biarritz ! Nous voilà parlant, avec un brin de nostalgie, du chemin de Pétricot qui court entre l'Océan et l'hippodrome. Je ne suis pas loin de soupirer comme du Bellay : « Quand reverrai-je, hélas ! de la villa Misbah-el-Chark fumer la cheminée ? » Parmi les passagers, il y a un autre médecin, major celui-ci, M. Mestre qui rentre à General Alvear, près de Mendoza, avec légion d'honneur et croix de guerre. Le docteur Mestre a fait la campagne d'Ypres, en Belgique, au printemps 1915. Pour tenter de prendre le contrôle de la ville flamande, l'armée allemande a utilisé, pour la première fois, des gaz toxiques.

Le journaliste Jules Huret, décédé un an auparavant, en février 1915, est au centre des conversations. Il est connu pour avoir collaboré à *L'Écho de Paris* et pour son enquête sur l'évolution littéraire auprès de soixante-quatre écrivains, dont Renan, Maupassant, Zola, Huysmans, Mirbeau... Spécialisé dans les interviews, il mène ensuite, pour *Le Figaro* une enquête sur la question sociale en Europe. Tout au début du nouveau siècle, il accomplit des reportages aux États-Unis, en Argentine. C'est justement les deux volumes concernant l'Argentine et publiés en 1911 et en 1913, *De Buenos Aires au Gran Chaco* et *De La Plata à la Cordillère des Andes*, que le docteur Mestre veut évoquer. D'après lui, ces ouvrages ne sont pas d'une véracité absolue. Il cite une anecdote qui lui paraît vraisemblable. Un propriétaire, qui possédait des terrains sans grande valeur, aurait sollicité Jules Huret afin qu'il vienne les voir et en parle dans ses articles, moyennant finances. Il fut convenu que, pour 25 000 francs, Huret rédigerait une note élogieuse. Le journaliste est-il allé voir ces terrains ? Toujours est-il que l'affaire est conclue et qu'elle fut bonne pour tous les deux : le duc d'Orléans s'empressa d'acheter en ce lieu de vastes terrains. Et le docteur Mestre de conclure : ce fut lui, le volé ! Je ne sais qu'en penser. Je converse aussi longuement avec M. Nabuco de Gouvêa, député francophile du Brésil, président du comité France-Amérique.

 Le vendredi 4 février, deux mois jour pour jour après mon départ de Bordeaux, la côte, avec ses dunes argentées, paraît de nouveau. Un cap rocheux, curieusement découpé, rappelle un château fort en ruines. Tout près se dresse, solitaire et morne, un phare de couleur noire au pied duquel se devine une petite cahute blanche, première trace d'habitation aperçue sur l'immensité de ces plages. Derrière les dunes, par endroits, s'élèvent des collines rocheuses ; on distingue des arbres ; d'après M. de Gouvêa, le sol est très fertile.

 Comme on n'affiche pas le point, je ne sais pas exactement où nous sommes. À l'estime, je pense que les îles rocheuses aperçues ce matin étaient les îles Castillos, et que nous sommes maintenant à la hauteur de Maldonado, par conséquent à l'entrée du río de la Plata. Les eaux sont glauques. Nous croisons de nombreux vapeurs. Quelques goélands volent dans le sillage.

 Nous accostons à Montevideo. À peine le *Garonna* est-il à quai que le rejoignent un vapeur anglais de Liverpool et le *Tubantia*, beau navire hollandais qui sombrera, coulé par une torpille, un mois plus tard, le 16 mars 1916. En lisant le journal, j'apprends que le vapeur allemand *Möwe*, un navire marchand reconverti en navire de guerre, a quitté l'Amérique du Nord. Les Anglais le recherchent. Voilà donc un croiseur auxiliaire ennemi dans l'Atlantique ! En trois mois, ce corsaire s'est emparé d'une quinzaine de bateaux. Arborant un pavillon neutre, ou même allié, il s'approche de ses cibles qui, la plupart du temps, ne sont pas armées. Le *Saint Théodore*, un charbonnier britannique, le *Nantes* et l'*Asnières*, deux voiliers français, l'un chargé de phosphates, l'autre de blé, figurent parmi ses prises de guerre. Le *Möwe* a sabordé le *Georgic*, imposant cargo transportant un millier de chevaux.

 À Montevideo, la ville des roses, le change n'est pas plus avantageux qu'au Brésil : pour vingt francs en argent, sont remis trois pesos-papier et dix centimes en nickel. Par conséquent, cent francs donnent à peine quinze piastres cinq, c'est-à-dire trente-quatre francs dix. Mais les firmes françaises sont nombreuses.

Le lendemain matin, alors que, sur la rade, un vapeur anglais est en feu, le *Garonna* entre dans le chenal qui mène à Buenos Aires. La passe est si étroite que les passagers peuvent apercevoir les deux mâts d'un dundee coulé près d'une bouée ; aussi, outre le pilote, deux remorqueurs, l'un devant, l'autre en poupe, escortent-ils le bateau qui, une heure et demie plus tard, est à quai. Les formalités sont bien longues avant qu'on n'autorise les passagers à descendre. Dans la foule lointaine, le docteur Mestre a reconnu ses enfants. Après des mois de guerre, le retour du père ! Quant à moi, je suis attendu par mes amis Laharrague et par un professeur du collège San José qui insiste pour que je vienne déjeuner au 158 de la rue Azcuenaga où un repas spécial a été préparé en mon honneur !

Les Andes, haute vallée des Gemelos, 30 avril 1916.

Les Andes, hôtel de Puente del Inca, avril 1916.

Le premier séjour en Amérique du Sud

Après la riante résidence de Rio, dans le jardin fleuri entre la montagne et la mer, je suis accueilli dans un collège somptueux. Un escalier de marbre blanc, dont la rampe, comme toutes les portes et fenêtres, est en cèdre massif, mène à ma chambre. Le cabinet de toilette est pavé en mosaïque.

Mais le règlement est strict et, en l'absence du supérieur, l'économe m'accorde, après bien des difficultés, qu'on attende jusqu'à 21 h 30 pour fermer la porte. M. Laharrague peut donc m'emmener en auto visiter le bois de Palerme : c'est dimanche, les promeneurs ne manquent pas, ni les tenues élégantes. Puisque la Recoleta est fermée, nous visitons la gare de Retiro, ouverte en août 1915. Le soir, je fais la connaissance du fils aîné de M. Laharrague qui accomplit son service militaire. La durée en est de trois mois, et il dîne et dort chez lui. Doux pays ! Dire qu'il y a deux mois on me refusait ce régime-là !

Après une première nuit passée à lutter contre les moustiques, j'arpente, dans le quartier des banques, la rue Reconquista, pour me rendre à la Compagnie transatlantique. Partout des visages français ou espagnols, des noms français aux portes, des devantures garnies d'objets français. Je ne suis pas dépaysé, et quand j'ai besoin d'un renseignement, je peux le demander sans peine : on comprend mon espagnol

À la douane, un mufle – il n'y a pas d'autre mot – prend plaisir à fouiller dans le linge et les robes d'une pauvre jeune femme qui se mord les lèvres pour ne pas pleurer. Il inspecte tout et finit par brandir une petite robe neuve fripée, le voilà heureux : il peut lui infliger une amende. Quant à moi, j'ai plus de chances, seuls les films sont soumis à des frais de douane. Il est vrai que j'ai affaire à un employé poli, dont l'inspection est moins minutieuse.

En fin de journée, comme tout un chacun, je me promène sur l'avenida de Mayo. Le lendemain, ma mission reprend ses droits. L'organiste du collège, le père Lapeyrade, m'accompagne chez les lazaristes où le père Bettembourg, un grand gaillard au visage franc, m'invite à déjeuner pour le lendemain.

L'après-midi, je rends visite à l'archevêque Mariano Antonio Espinosa. De petits abbés pommadés lui servent de secrétaires. Ils prennent de grands airs : la cigarette aux lèvres, en manteau de soie, une canne à la main… Cela donne une triste idée du clergé indigène ! Comme je m'y attendais, l'archevêque refuse de m'autoriser à donner des conférences. Je me passerai donc de son autorisation…

L'organisation des conférences occupe une grande partie de mon temps. Comme les réponses sont lentes à venir, le visiteur salésien de la Patagonie m'offre une place dans son auto pour aller de Viedma à Junin dans les Andes, en traversant la Patagonie. La proposition est tentante, mais il faut parcourir 8 000 kilomètres à travers la pampa solitaire et brûlée. Je préfère découvrir Luján, avec M. et Mme Laharrague, à une heure et demie de chemin de fer. La Pampa est desséchée ; les chevaux en s'ébrouant soulèvent une poussière opaque. Des fils de fer, quelques bouquets d'eucalyptus et, de-ci de-là, des troupeaux paissant près d'un abreuvoir alimenté par une pompe à vent. Luján est une bourgade triste et poussiéreuse. L'église serait belle si ses voûtes n'étaient pas surbaissées dans le transept, ses chapiteaux grossièrement travaillés. En vingt ans, sa construction n'a guère progressé.

Quelques jours plus tard, le train de Cordoba, qui nous emporte, longe le río de la Plata, des marécages, de hautes plantes aquatiques, des saules pleureurs, un campement de bohémiens sur pilotis. Des gens canotent, d'autres se baignent, des chevaux aussi. Le train quitte le río, croise la route qui mène à Tigre, ville construite sur le grand delta de Paraná. Le paysage ressemble à celui déjà vu sur la ligne de Luján : des champs, la plupart en friche ; des luzernières ; quelques carrés de choux ; çà et là des bouquets d'eucalyptus, un ombu solitaire, au bel ombrage, aux racines tourmentées. Des villages aux maisonnettes rares et éparses sont desservis par le train. C'est encore la banlieue de Buenos Aires : ce n'est pas le vrai « campo », la pampa illimitée.

Nous allons à Villa Suiza, un village créé par M. Laharrague et ses associés qui ont aussi fondé, dans les années 1910, celui de Ciudadela où passe le chemin de fer. Ils ont acheté la terre, l'ont divisée en lots séparés par de larges rues, ont bâti des maisonnettes pour essayer d'y attirer des colons. Quelques cases sont louées ou vendues ; d'autres attendent un locataire. On donne, à qui veut s'installer dans un lot pour le cultiver, dix mille briques, de quoi bâtir une maisonnette cubique, sans toit, très exiguë : rien de plus curieux que ces cubes de briques sans revêtement, tous semblables, plantés de-ci de-là, comme les piles d'attente d'un pont biscornu. Les plus anciennes installations sont des *ranchos* bâtis encore plus primitivement : un clayonnage de branches entre lesquelles est plaqué du pisé fait d'un mélange de terre et de fumier ; en guise de toit, du chaume ou des plaques de tôle ondulée ; l'ensemble est plus rustique que les cabanes des bergers pyrénéens. Nous déjeunons dans un *rancho*, composé de deux cahutes blanchies à la chaux mais si écaillées que paraissent le torchis et les branches. Une petite tonnelle formée par une vigne (dont les feuilles sont recouvertes de terre) donne un peu d'ombre. Le puits de briques est peu profond. Le cheptel – mais peut-on parler de cheptel ? – comprend une vache et son veau, un porc souillé de terre, au groin boueux, et des poules. Pour venir nous chercher, nos hôtes ont loué un cheval et une carriole à un voisin.

Sur ces terres arides vivent M. et Mme Conti, deux vieillards ; lui est un peintre portraitiste qui ne manque pas de talent. Son fils, un homme charmant, ami de M. Laharrague, est photographe de profession, un véritable artiste. Il vit dans une maison voisine que M. Laharrague lui a prêtée car il ne gagnait guère sa vie à Buenos Aires, et il doit nourrir sa femme, quatre garçons dont l'aîné a sept ans, le dernier à peine trois mois, et trois jeunes filles nées d'un premier lit. L'infortuné tente sans succès de fertiliser ce désert. Le champ de maïs est perdu, dévoré par les sauterelles, les terribles *langostas*. Quant aux prairies, elles rappellent le Sahara : l'herbe a disparu ; il ne reste que la terre nue, poudreuse, fendue par le soleil impitoyable. Il n'a pas plu depuis trois mois.

Une promenade en carriole nous mène jusqu'à l'*almacén* voisin. Des chevaux squelettiques, aux côtes saillantes, à l'échine raboteuse, de vrais fantômes, ne flairent même plus le sol sur lequel ne pousse aucune herbe. Immobiles, ils regardent au loin. Un *estanciero* espagnol nous explique qu'il ne peut soutenir ses sept cents vaches qu'en donnant à chacune, de sa propre main, une poignée de foin. S'il ne pleut pas d'ici à huit jours, tout son bétail mourra. Les sauterelles et la sécheresse sont les deux fléaux de ce pays de cocagne. Il suffit d'une année néfaste pour anéantir des fortunes péniblement gagnées.

Afin de me faire honneur, on prépare un *asado* ; il n'y a pas d'équivalent en France. Un agneau respectable, de la taille d'un mouton, est étendu sur la table, ouvert comme sur un étal de boucherie. On l'embroche d'une longue tige de fer ; des baguettes de bois maintiennent l'écartement des côtes ; après l'avoir salé, on fiche la broche dans le sol, obliquement, du côté d'où vient le vent, afin que la fumée du brasier ne donne pas mauvais goût à la chair. Un feu est allumé par-devant, pour que l'agneau cuise doucement. Une seconde broche porte quelques quartiers de bœuf. En une heure et demie le rôti est à point. On l'arrose alors d'un mélange vinaigré et poivré... Nous déjeunons sous la tonnelle. Mais le vrai rite est de laisser l'agneau devant le feu, où chacun coupe des lanières de viande avec son *machete*. Ainsi la chair reste chaude. On me propose de goûter, un autre jour, l'*asado con cuero*, la bête cuite dans sa peau.

Le vin d'Italie délie les langues. Le vieux Conti entonne « Montagnes Pyrénées, vous êtes mes amours » d'une voix sûre : on ne dirait jamais celle d'un homme de soixante-quatorze ans. À peine a-t-on le temps d'applaudir que se lève un vent froid, accompagné de fortes rafales, le *pampero*. En une seconde, un énorme nuage de poussière noire masque tout, même les maisons d'en face. Ah ! s'il pouvait pleuvoir ! Quelques gouttes de pluie tombent lentement sur la terre sèche…

Le Chili m'attend. Il me faut quitter Buenos Aires. Dans le wagon du *Transandino,* qui ressemble à une cabine de navire, je rencontre deux compatriotes, venant de Paris et possédant chacun une maison de commerce à Santiago. La journée se partage entre lecture, causeries et longs repas au *comedor,* cependant que défile la pampa. D'immenses lagunes fourmillent de poules d'eau, de canards, de flamants, de cigognes, de cygnes à col noir. C'est le seul attrait du paysage, car rien ne rompt la monotonie de l'immense plaine d'où émergent çà et là, très loin à l'horizon, les bouquets d'arbres qui marquent la place d'un *estanciero*. Des troupeaux de bœufs, de moutons, des chevaux paissent l'herbe rase ou, par endroits, disparaissent dans de hautes graminées desséchées.

Le 24 avril 1916, à six heures du matin, le train arrive en gare de Mendoza. Nous ne pouvons apercevoir la ville, mais la campagne rappelle la France avec ses vignobles étalés à l'infini, encerclés d'arbres, des peupliers surtout. Les premières hauteurs des Cordillères barrent l'horizon de leur muraille grise et pelée. Le río Mendoza coule, peu abondant, dans une gorge entaillée verticalement : ses rives forment des falaises hautes d'une dizaine de mètres. Avant d'entrer dans la cordillère des Andes, la voie ferrée le traverse, passe entre des collines arides où croissent des cactus, et où trottent de gros rats que le train met en fuite.

Rien ne rappelle la beauté des gorges pyrénéennes. Ici, l'enchantement, car c'en est un, vient de la couleur : tout est rose. Jusqu'au pont de l'Inca, pendant plus de cent kilomètres, le train passe dans un décor vieux rose, aux teintes nuancées parfois d'ocre pâle ou de gris cendré. Le ciel d'azur pâle est lumineux. Le lit du río Mendoza est parsemé de blocs multicolores, rouges, verts, bleus, gris, jaunes, comme le río Gallego, en Espagne, aux environs de Sallent. Les montagnes de poudingue et de grès rouge rappellent également ce coin des Pyrénées qui avoisine l'Ossau, de l'Anayeta aux pics d'Ayous ; d'ailleurs, les cailloux que je ramasserai seront des échantillons des mêmes roches. Des arbustes nains, des genévriers, des cactus poussent entre les pierres. Ce n'est pas une gorge, mais une vallée dont le thalweg a été remblayé par de puissantes alluvions : le río qui les entaille y forme de hautes falaises verticales.

Avant d'entrer dans la Cordillère, n'est-ce pas le Cerro Dorado, ce volcan couvert de neige, qui se dresse au loin ? À mesure que monte le train et que je vois les pierres flamboyer sous le soleil, je songe que mes skis ne serviront à rien, puisque je ne pourrai séjourner à Punta Arenas. Et pourtant, il me fallait les emporter mes longs skis en bois de frêne des Pyrénées !

Voici Uspallata, sur un immense plateau formé de terrasses alluviales et encerclé par de lointaines montagnes. Un désert dans une enceinte de montagnes grises et roses. Quelques flaques de neige soulignent les plus hautes cimes. Solitude insensée : des pierres, du sable, pas une goutte d'eau sauf le torrent très encaissé. Pas un oiseau, rien de vivant. Les buissons de genévriers roussis frissonnent au vent, dans l'envolée de la poussière. De nouveau, le train s'engage dans la montagne. Les falaises d'alluvions, ravinées par les pluies, sont particulièrement curieuses au confluent du río Blanco, à Cerro Amarillo. Par l'échancrure d'une vallée, je guette le

Tupungato, ce géant des Andes. Une courbe de la voie me laisse entrevoir, au fond de la vallée que le train remonte, une cime aiguë où s'accroche un glacier, le Cerro Tolosa. Après Puente de las Vacas, misérable station comme toutes celles de la ligne, le train circule au pied des célèbres Penitentes.

À Puente del Inca, minuscule village, je prends congé de mes compagnons que je compte retrouver huit jours plus tard. Mais, alors que je croyais goûter aux charmes de la solitude, les voitures de l'hôtel emportent une trentaine de voyageurs, et c'est dans un nuage de poussière que se franchit le fameux pont. À peine installé dans une chambrette cénobitique, je gagne l'entrée de la vallée de Horcones, afin d'admirer l'Aconcagua ! La montagne se dresse superbe, avec son énorme glacier et ses escarpements de première classe. Mais est-ce parce que j'ai été transporté brusquement à 2 800 mètres d'altitude, je ressens l'exaltation que cause la haute montagne. En tout cas, après mille kilomètres en chemin de fer, mon lit me paraît confortable.

Le lendemain matin, 25 avril 1916, il y a de la glace dans tous les ruisseaux, bien que le thermomètre, à l'abri, marque 7 degrés. Un vent violent, d'autant plus vif qu'il fait froid, semble condamné à régner en ces lieux à perpétuité. Je boucle mon sac dans lequel j'ai logé un appareil stéréoscopique et mon grand appareil, à la grande stupeur des garçons d'hôtel, ahuris de me voir partir si lourdement chargé. Pas question de ne pas photographier le massif des Pénitents !

Le pont de l'Inca passé, j'emprunte sur la rive gauche du río Mendoza une route large qui descend vers Punta de Vacas. Du sable, de la terre où l'on enfonce, par moments, comme sur les plages de l'Océan. Sont-ce là les routes périlleuses des Andes ? Le vent soulève des nuages de poussière ; mes pieds aussi. La vallée s'étend largement, barrée par une montagne semblable au Cabaliros qui, dans les Pyrénées, domine Argelès-Gazost et Cauterets. Je longe un petit cimetière, simple enclos de fils de fer avec quelques pierres tombales et des croix en granit sculpté. Quels pauvres êtres ont été enterrés dans cette solitude ? Sur de grosses pierres se lisent de-ci de-là des inscriptions peintes en noir : *Gloria a Jesu Christo nuestro Salvador* ou cette autre, plus austère : *Preparense a salir delante Jesu Christo*.

Puente del Inca, Argentine, avril 1916

Je comptais trouver les Pénitents au second ravin : c'est le premier qui y mène : cette superbe falaise rouge, hérissée de clochetons, se dresse dans le ciel. Cependant je n'aurais pas dû suivre la route, car aucun pont ne traverse le torrent. Je cherche en vain un gué. Il ne me reste plus qu'à faire demi-tour et lutter contre un vent violent qui brûle les lèvres et les yeux. Le ciel nocturne offre la Croix du Sud, le Navire, Jupiter ; la nébuleuse de Magellan est si nette que je la prends d'abord pour un nuage.

Le lendemain, j'arpente la vallée du río Horcones qui mène à l'Aconcagua ! Jusqu'à l'entrée de la vallée, je suis l'itinéraire de ma première promenade. Sitôt passé le pont sur le río Horcones, je remonte l'énorme talus de moraines fluviales qui sépare le río Horcones de la voie ferrée et de la route. Me voici brusquement face à l'Aconcagua, coiffé par un énorme nuage. Et je n'ai d'yeux que pour ses glaciers.

À peine entré dans la vallée, je suis littéralement fouetté par le vent qui contourne un contrefort du Cerro de Tolosa. Le sentier rejoint une route carrossable que j'emprunte jusqu'à la lagune de Los Horcones. Le río est invisible tant il a entamé l'énorme talus de déjection que je remonte depuis plus d'une heure. Ces matériaux sans cohésion se prêtent admirablement au travail de l'érosion, j'aperçois une série de colonnes coiffées. J'effraie une douzaine de chevaux, traverse des talus d'éboulis où croissent des plantes épineuses comme il en pousse sur l'île d'Oléron !

Une pente d'éboulis d'où jaillissent de hautes pyramides d'érosion, clochetons et cloisons de poudingue rouge, m'oblige à gagner le lit du río Horcones, en face de son confluent avec le río Duraznos qui descend de la rive gauche. Tout le versant oriental de la vallée présente des piliers d'érosion. Plus loin, une montagne dresse obliquement des strates de sorte que son flanc constitue un immense ocelle lisse. Plus loin encore, le redressement des strates paraît vertical ! Comme les Sarradets vus du col du Taillon, dans les Pyrénées. Cependant ici, quels bouleversements ! Comment s'y reconnaître dans des terrains renversés l'un sur l'autre, entièrement démolis ! À mon grand étonnement, il y a des roches semblables à celles qui avoisinent l'Ossau et l'Anayeta. Mais à côté d'un bloc de grès rouge, de l'andésite ; à côté d'un morceau de plâtre, de la labradorite. Quel chaos ! Je glane des échantillons afin de les comparer à ceux ramassés dans les Pyrénées.

S'il est facile de passer sur le bord du torrent, il est malaisé de le traverser : il est rapide et sous ses eaux sales on ne peut apprécier la profondeur. Grimpé sur un talus je constate qu'il faudrait une longue marche de flanc sur de mauvais éboulis très raides ; la rive gauche est meilleure et porte même un sentier. Où franchir le torrent ? Arrivé à environ 3 300 mètres d'altitude, en face des dernières pyramides, dont l'une est absolument isolée en travers de la pente, je me résous à faire demi-tour.

Dans ma chambre d'hôtel, j'étudie l'itinéraire qui mène au sommet des Pénitents : un vaste plan incliné, où il doit être facile de grimper. Ce sera ma prochaine course.

Comme chaque soir, le simili Cabaliros qui ferme la vallée à l'est devient pourpre à l'ouest, les crêtes frontières bleuissent sous des nuages de cuivre et d'or. Le vendredi 28 avril 1916, je gravis *el Pico de la Iglesia*.

Le transandin, avril 1916.

De Valparaíso à Bordeaux

Quand le dimanche 28 mai 1916, j'embarque sur l'*Oronsa,* j'avoue que je pousse un soupir de soulagement. Après un long mois de conférences, de banquets, de visites, de voyages, se profilent dix jours de calme assuré. C'est en vain que j'ai cherché à fuir les mondanités, les réceptions ; les courriers se sont faits de plus en plus pressants. Le 17 mai, j'ai même reçu une lettre de Céleste Lassabe de Cruz-Coke, la mère d'Eduardo Cruz-Coke, alors tout juste âgé de dix-sept ans[3].

Je revois le papier à lettres à en-tête personnalisé : *Ce que Dieu garde est bien gardé.* Et le contenu ?

« De nombreuses dames de notre ligue patriotique ont exprimé, devant moi, leur profond regret de n'avoir pu vous retenir à Valparaíso pour vous faire une manifestation digne de vous.

« Ces personnes appartenant à toutes les nationalités de l'Entente, Anglaises pour la plupart, ne peuvent se conformer à l'idée de votre départ du pays, sans vous avoir remercié de votre dévouement. Elles auraient voulu un mot de plus d'un orateur de votre importance pour les encourager dans leurs travaux... »

Bref, Céleste Lassabe de Cruz-Coke, née dans les environs de Tarbes et qui se dit ma « très humble servante », me presse de revenir à Valparaíso, avant mon départ pour

---

[3] Eduardo Cruz-Coke deviendra médecin, puis un grand homme politique chilien. Candidat à la présidence de la République en 1946, il s'incline devant Gabriel Gonzáles Videla.

l'Europe. Et Ricardo Cruz-Coke, son époux, avocat à la Cour d'appel de Valparaíso, connu aussi pour avoir publié en 1882 *Victor Hugo, vida y obra*, réclame une modeste place dans mon souvenir et regrette, non sans humour, que nous n'ayons pas eu le temps d'organiser une grève des chemins de fer. Ce sera pour la prochaine fois ! Il fait allusion au 19 avril 1916, jour où le personnel des tramways s'est déclaré en grève.

Lors de cette première mission de propagande, j'ai rencontré de nombreuses associations : le comité Pro Patria à Concepción, la Liga Pelos Aliados à Rio de Janeiro, la Lega Navale Italiana à Buenos Aires, la Croix-Rouge, la Société philanthropique française du Río de la Plata, fondée en 1832 à la demande du consul général de France, W. de Mendeville, pour qui il était indispensable de créer une société mutuelle dans le but d'assister, secourir, soigner les compatriotes nécessiteux, dont un certain nombre avait fui la Révolution française.

Mais, en ce jour, je vogue, par une soirée splendide, sur cet océan Pacifique qui, pour l'heure, mérite son nom. Et même si l'avant du navire est dirigé vers le pôle Sud, me voici sur le chemin du retour. Après avoir quitté Coronel, la guerre a repris ses droits quand le navire est passé sur les lieux du premier combat naval.

Pendant la nuit, la houle est devenue forte, et par le hublot mal fermé, des paquets d'eau pénètrent dans ma cabine. Un mousse en enlève sept seaux ! L'*Oronsa* roule et tangue au point qu'il est impossible d'écrire. Quand une vague submerge le hublot, elle plonge la cabine dans l'obscurité. Quelques gros pétrels et de beaux damiers au vol gracieux suivent à tire-d'aile le navire.

Paradoxalement sur ce bateau, je me sens en pays étranger. Est-ce parce que je suis à bord d'un paquebot britannique et entouré d'Anglais ? En tout cas, surprenante est ma première entrevue avec le *commander*. Ce n'est pas dans le *smoke-room* où il est entré à l'heure de l'apéritif, mais un moment après, sur le pont, où le voyant seul, je l'aborde et lui remets la carte de M. Dyson, président du comité Pro Patria de Concepción. Le *commander* tire son lorgnon, lit la carte qui me présente comme un *good fellow* digne de *best consideration*. En fait de considération, il me salue militairement et me tourne le dos ! Le lendemain matin, en revanche, j'ai droit à un salut cordial. Le commandant est un homme robuste et rougeaud, un vrai loup de mer, plus habile à manœuvrer un navire qu'à formuler des amabilités.

Le second, plus affable, préside, avec le chef mécanicien, un homme rubicond et aimable, la table à laquelle je suis convié. Quant au médecin, il fait du footing tout autour du navire ; après quoi il s'allonge dans un fauteuil, les jambes croisées si haut, qu'il vise le zénith avec ses pieds et l'horizon avec ses fesses ! De neuf heures à onze heures, tous trois accaparent le pont principal pour des parties de curling !

Le hasard m'a placé, à table, en face d'une jeune femme brune, comme son mari, un grand garçon brun, qu'elle dorlote au point de lui laisser occuper le hamac qu'ils ont installé sur le pont. Près d'eux, un drôle de couple : un petit homme d'une quarantaine d'années, très laid, avec des yeux en capote. Mais il a, à ses côtés, la plus délicieuse figure : un visage et des yeux d'enfant, une frimousse ravissante aux traits purs et fins, des cheveux d'or légers. Ils font beaucoup de musique et ont l'air de s'entendre à merveille. À l'autre bout de la table une miss, peu gâtée par la nature, et deux Américains. Non loin, à une autre table est assis le docteur Boynes, un vieil Anglais qui a assisté à la dernière conférence que j'ai donnée à Talcahuano, juste au nord de Concepción.

Le repas du soir laisse de nombreuses chaises vides : la houle a augmenté. Cela ne m'empêche pas de converser avec un chimiste qui s'occupe des gisements pétrolifères de Magellan ; avec le directeur d'une banque qui a fait ses études au quartier Latin, parle le français sans accent et avec aisance. Le monde est petit : il connaît bien le docteur Vidaud de Pomerait, membre fondateur de la Société médicale de Pau et du Béarn, en 1901. Je donne des nouvelles de ses anciens professeurs et condisciples à un jeune médecin argentin qui a passé six années en France, dont quatre au lycée de Pau. Un Américain, à lunettes d'or cachant de doux yeux bleus, m'entretient longuement, en espagnol, de la guerre et de sa fille, religieuse en Angleterre.

L'ange blond, qui joue des ritournelles au piano, est la femme du petit homme si laid, un riche Péruvien charmant, qui parle le français le plus pur. Il a accompli ses études à Arcueil, au collège Albert-le-Grand, sous la direction du père Didon. Nommé en 1890 dans cet établissement, Henri Didon y est accueilli triomphalement tant est grande sa renommée de promoteur du sport moderne. Il y instaure aussitôt des jeux sportifs, et répond favorablement à Pierre de Coubertin qui lui demande de l'aider à convaincre les établissements religieux de participer à des rencontres sportives les opposant aux établissements laïcs. La devise que ce père dominicain fait broder sur le drapeau de l'école avant la première rencontre, *Citius, Altius, Fortius* (Plus vite, plus haut, plus fort) devient la devise des jeux Olympiques.

Dans l'après-midi, une île est en vue à quelques milles, à l'est : l'île Huamblin, sans doute. Le temps devient pluvieux, la mer grossit. Le voisinage de la terre a multiplié les oiseaux, une volière de ramiers entoure le bateau. Je cherche à les photographier quand ils jouent dans les vagues. Trois ou quatre goélands, malgré la violence du vent, planent, immobiles. Les damiers, posés sur l'eau, se laissent bercer.

Soudain le Pacifique ne mérite plus son nom. Par imprévoyance ou flegme légendaire, l'équipage attendra le lunch, qui réunit d'ailleurs peu de convives, pour installer les aménagements destinés à lutter contre le roulis. Lors du déjeuner une oscillation un peu ample fait filer devant moi une cafetière, deux pots de lait, plusieurs assiettes, une dizaine de couteaux et de fourchettes. Je parviens à sauver ma tasse de café. La matinée est rythmée par des bruits de vaisselle cassée.

La longue houle prend le bateau par le travers. Alors que, depuis le pont des secondes, je m'apprête à photographier les flots, une vague embarque par-dessus les bastingages. J'ai juste le temps de brandir en l'air mon appareil. Je ne fixerai pas sur une plaque les longues vagues qui, après avoir fait rouler le navire, s'enfuient en traînées parallèles vers l'horizon brumeux. Le baromètre ne cesse de baisser. L'*Oronsa* gémit, les cloisons grincent, les meubles craquent, les cordages sifflent jusqu'à ce que nous entrions dans le détroit de Magellan.

Par une telle nuit, comment les officiers pourront-ils voir le phare des Évangélistes ? Je ne peux m'empêcher de songer à mon père, capitaine au long cours. Le 2 mai 1869, arrivé aux îles des États, terre subantarctique de l'Argentine, il s'apprête à passer le détroit de Lemaire, avec le *Georges*. Il est loin de se douter que le trois-mâts et l'équipage vont lutter pendant deux longs mois contre des vents déchaînés et des flots furieux. Ce fut un miracle s'il ne perdit aucun homme. Par deux fois, le *Georges* s'inclina tant que son fort était sous l'eau. L'ordre fut donné de jeter des vins et des champagnes à la mer pour tenter de sauver le bâtiment et les hommes d'équipage. Le bateau n'a jamais atteint San Francisco. Le *Georges* et sa cargaison sont vendus à l'encan à Valparaíso. Je pense aussi à l'explorateur Jean-Baptiste Charcot, au récit de son expédition en Antarctique dans son livre *Le « Français » au pôle Sud*, et à sa dédicace : « À Monsieur l'abbé Gaurier, excellent et très cordial souvenir ».

Je voulais voir une tempête australe. Mon vœu est exaucé ! Le soir du 31 mai et durant toute la nuit, l'*Oronsa* roule, se balance d'un côté et de l'autre. Vers deux heures du matin la sirène retentit. Ce n'est pas pour saluer un navire ou le phare des Évangélistes. Un coup de mer s'est abattu sur la passerelle, crevant les toiles, brisant une fenêtre du salon sur le pont-promenade. La vague a cassé le fil qui relie la chambre de commandement à la machine, et a déclenché le signal d'alarme. Le capitaine, vieux loup de mer qui navigue sur ces eaux depuis vingt-quatre ans, n'a jamais rien vécu de semblable, d'autant plus que la navigation sur cette mer dure et houleuse se complique d'une tempête magnétique. Aussi le bateau reste-t-il au large : embouquer le détroit hérissé de récifs serait bien trop périlleux. L'*Oronsa* danse tout au long du 1er juin, jour de l'Ascension, sur les hautes vagues écumantes. Quand une vague embarque, le bateau vibre comme s'il allait se disloquer. Il s'incline au risque de chavirer. Des passagers, agenouillés, sont en prières. Par une fenêtre du salon, je fais quelques photos. Cela donnera ce que cela donnera.

Quand l'*Oronsa* parvient à la hauteur du détroit de Nelson, il n'est toujours pas certain qu'il puisse embouquer celui de Magellan. En début d'après-midi, la terre est en vue à bâbord : une montagne tabulaire s'aperçoit à travers les embruns. Les flots sont déchaînés, les vagues se contrarient jusqu'à ce qu'une immense lame vienne les niveler. Un crachin mêlé de neige obscurcit tout. La mer fume, le vent aussi : spectacle splendide et indescriptible ! Dans le ciel courent de lourds nuages gris. Parfois le soleil paraît un moment, les vagues deviennent d'acier et un arc-en-ciel s'envole de leurs crêtes échevelées.

Le navire se plaint, pousse des bruits lugubres, se tord dans de sinistres convulsions. Les cloisons gémissent, les meubles geignent, les cordages sifflent, la toile ronfle, les vagues déferlent. De temps en temps un bruit plus sourd se fait entendre : un paquet de mer tombe sur le pont ; puis une détonation : une porte de fer se rabat. Au cœur de la tempête, comment ne pas penser avec effroi aux passagers et à l'équipage du *Lusitania,* torpillé par un sous-marin allemand, le 7 mai 1915, au large de l'Irlande ; aux naufragés du *Prince des Asturies,* coulé en mars 1916, au large du Brésil...

Le lendemain matin, plus aucun bruit. Rien ne bouge. À croire que l'*Oronsa* est à l'ancre ou à l'abri. J'ouvre la persienne : à quelques centaines de mètres, des montagnes couvertes de neige se dessinent sur le ciel qui s'éclaire. Le bateau longe la rive nord, sur une eau calme. À tribord, la rive sud est semblable. Mais le spectacle est sur le pont ! Les bordages sont défoncés, emportés, les traverses de fer tordues, les clous arrachés. Des cordes cassées, des planches brisées. Certains canots de sauvetage ont été rentrés à temps, mais sur le pont arrière, deux sont inutilisables. À l'avant, une manche à air gît près d'un treuil, les supports des tentes sont brisés ; les toiles arrachées et déchirées pendent. Le bateau porte de nombreuses traces de sa lutte !

Sur la rive nord, un glacier d'azur pâle descend jusqu'à la mer en deux plateaux étagés, un peu comme le glacier du Montferrat, dans les Pyrénées. C'est une énorme masse de cristal azuré, fendillée de crevasses du haut en bas. Aucune poussière n'en souille la beauté. L'autre rive est formée par l'île de la Désolation – la bien nommée ! Du roc et de la neige ; des pentes escarpées ; pas une seule plage. Le bateau, laissant à tribord le golfe profond qui échancre l'île, entre dans une partie plus resserrée du détroit. À mesure qu'il progresse, les cimes s'élèvent. Se découvrent successivement des golfes, des canaux menant on ne sait où, des îlots, des monts qui sont des îles. Des nuages frôlent la mer. Les averses de neige se succèdent.

L'*Oronsa* longe trois pics aigus. Des hêtres aux troncs minces, tordus et penchés comme pour fuir le vent du détroit, forment de véritables forêts. Dans les replis des montagnes apparaissent des vallées. En face des trois pics, un îlot jaunâtre : est-ce l'herbe sèche ou les lichens qui lui donnent cette couleur ? Quelques maigres bouquets de hêtres y frissonnent. Toute cette partie du détroit présente à la base des montagnes le faciès glaciaire. L'eau est d'un calme absolu et le navire glisse comme sur un lac des Pyrénées ou des Alpes. Il neige toujours. Toute photographie est impossible. Sur une langue de terre plate et boisée se devinent trois ou quatre cabanes de pêcheurs et, à l'ancre, un petit bateau à deux mâts.

Le cap Froward, la pointe la plus méridionale du Nouveau Monde, est doublé. Nous ne sommes qu'à 6 degrés du cercle polaire. Le cap est taillé à pic : des arbres grimpent jusqu'au sommet où les pères salésiens ont planté une grande croix de fer que le vent a tordue. Dans le lointain s'estompent, éclairées par le soleil, des montagnes bleues et blanches. En face, dans l'île de Santa Ines ou derrière elle – on ne sait pas au juste où se dessine un golfe ou un détroit –, un pic pointu se dresse, et derrière lui se distinguent les crevasses d'un énorme glacier bleu. Est-ce le fameux glacier de la Romanche ? Par tribord devant, l'île Darwin semble barrer la route : elle forme un vaste plateau, uniforme après le hérissement de cimes aiguës et difficiles qui se dressent sur les deux rives, mais surtout au Sud, dans les îles de la Désolation et Clarence.

Une montagne calcaire, aux formes curieuses, domine un petit port et le phare San Isidro, inauguré en 1907. Pour la première fois depuis Coronel, nous apercevons des êtres humains : deux hommes. Un peu plus loin, la pointe Santa Anna abrite Port-Famine, ou Puerto del Hambre, nommé ainsi en souvenir des premiers colons espagnols qui s'y sont installés et sont morts de faim pour la plupart. En face, au fond d'un long détroit, pointe le cône neigeux du mont Sarmiento, le géant de cet archipel. Derrière l'île Dawson, une ligne de monts enneigés frange l'horizon : la Terre de Feu aux environs d'Ushuaïa.

La nuit tombe. Des centaines de lumière sur la rive nord signalent Punta Arenas où le navire jette l'ancre. Des passagers, transportés par des remorqueurs, montent à bord, cependant que d'autres nous quittent. C'est tout ce que je verrai de Punta Arenas, alors que je pensais y séjourner un mois ! En septembre 1916, une réception y sera donnée en l'honneur de l'explorateur sir Ernest Shackleton. Je suis loin de me douter que le hasard s'apprête à nous mettre en présence.

Port Stanley est à 559 miles. Le lendemain, de bonne heure, le cap des Vierges, haute falaise terminée à pic et dominée par un phare, est doublé. Un second phare rayé de blanc et de noir est installé à la pointe d'une presqu'île plate, sorte de banc de rochers qui s'allonge en avant du cap. Au sud, dans le lointain, se devinent les derniers linéaments de la Terre de Feu.

Très rapidement, l'océan Atlantique montre sa force. L'*Oronsa* fait sa toilette de combat : sur le pont, les matelots en ciré et suroît carguent les toiles, amarrent les tables, les chaises et les bancs, rangent les épaves de la dernière tempête. Cette agitation et l'état de la mer déjà houleuse sont les présages d'une traversée mouvementée jusqu'aux îles Falkland. Il fait très froid. Le vent est fort, la mer, striée de traînées blanches, prend le bateau par tribord devant, comme dans le Pacifique. De lourds nuages gris ne présagent rien de bon. Sur le pont, le thermomètre, en milieu de matinée, affiche + 4°.

Tout le jour, toute la nuit, le bateau roule. Près des Malouines, la mer se calme : l'archipel protège du vent qui souffle du sud-est. La première des îles Jason est un cône aigu qui se profile en sombre sur d'autres montagnes également coniques, mais blanches. Quand l'*Oronsa* s'en approche, l'île devient une simple crête formée de strates calcaires inclinées : une arête de rochers domine une longue pente d'éboulis se terminant en terrasse. Vraie terre de désolation !

Des phoques godillent au milieu des vols de pétrels, de mouettes et de canards. Le soleil brille, sans empêcher les averses de neige ; le froid est intense à tribord, exposé au vent.

Les côtes défilent. De grandes pentes enneigées seraient un terrain idéal pour mes skis, qui ont traversé l'Amérique dans un fourgon à bagages, les océans dans la cale d'un paquebot, et qui n'ont jamais été chaussés depuis mon départ ! Le bateau glisse devant un monolithe isolé.

À Port Stanley, le phare est éteint. L'*Oronsa* ne peut appareiller. J'observe deux effets astronomiques, l'un résultant de la latitude seule : la Croix du Sud est presque au zénith ; l'autre de la latitude et de la saison : le soleil assez bas sur l'horizon décrit un cercle très court, de sorte qu'il paraît se lever et se coucher du même côté, à bâbord. L'aiguille aimantée regarde le sud.

Le 5 juin 1916, l'ancre est jetée dans un chenal étroit, entre deux rives à peine ondulées. Le golfe s'étend plus loin, mais, faute de profondeur sans doute, le navire n'y pénètre pas. Une pointe de terre cache Port Stanley dont on ne voit que deux cabanes. Je photographie le navire couvert de neige.

Le commissaire de marine, monté à bord, nous informe que des sous-marins allemands auraient coulé huit navires anglais, attirés dans un guet-apens. Tout cela reste à vérifier. Il nous apprend aussi que l'explorateur britannique, Ernest Shackleton, est arrivé à Port Stanley, à bord d'une baleinière, et qu'il s'apprête à venir à bord de l'*Oronsa*. C'est ainsi que, dans le fumoir, j'ai rencontré le chef de l'expédition *Endurance* !

Shackleton s'est prêté à une séance de dédicaces et a même mis un mot sur l'ouvrage de François Bournand, emporté dans mes bagages, *À l'assaut du pôle Sud*. Comme je priais le commandant de lui apprendre ce qu'était devenu Jean-Baptiste Charcot, il s'est retourné vers moi, en s'écriant : « Charcot ? » On sentait une vive sympathie mêlée d'inquiétude. Je lui ai dit que l'Amirauté anglaise avait donné à Charcot le commandement d'un navire conçu pour lutter contre les sous-marins ennemis. Mais sa plus grande surprise a sûrement été de voir un livre français relatant son premier raid. Des hourras ont salué son départ. C'est un grand gaillard solide, un peu plus grand que moi, taillé en hercule et dont le visage énergique semble brûlé par le froid. M. Higgins a pris des photos et m'enverra celles où je suis avec Shackleton. Nous n'avons pas de détails sur son expédition, mais sa présence en ce lieu prouve qu'il n'a pas traversé l'Antarctique.

Je n'avais pas encore lu la *Feuille d'avis de Neuchâtel* qui, ce même jour, ce 5 juin, reprenait la longue dépêche envoyée par l'explorateur Ernest Shackleton au *Daily Chronicle*, depuis Port Stanley où il était arrivé le 31 mai et demandait du secours. Partis de Plymouth le 1er août 1914, le jour même où l'Europe entre en guerre, les membres de l'expédition

Endurance, du nom du trois-mâts sur lequel ils ont embarqué, vivent une véritable odyssée en voulant traverser l'Antarctique. Les glaces se referment sur le bateau qui, pendant neuf longs mois, est condamné à dériver. La situation s'aggravant, les vivres se faisant de plus en plus rares, accompagné par cinq volontaires, Shackleton embarque, le 24 avril, sur l'un des canots de sauvetage, le *James Caird,* un baleinier de sept mètres qui ne lui avait jamais paru bien grand, mais qui lui semble avoir rétréci de façon bien mystérieuse. Renforcée par le charpentier du bord, l'embarcation atteint la Géorgie du Sud après avoir accompli quelque huit cents milles marins depuis l'île de l'Éléphant où le reste de l'équipage attend des secours, n'ayant en leur possession que cinq semaines de vivres. Seule la chasse aux phoques peut augmenter leurs ressources.

L'*Oronsa* sort du golfe de Port Stanley et file droit au nord, vers Montevideo, emportant la nouvelle d'une grande bataille navale qui aurait coûté quatorze navires aux Anglais et treize aux Allemands. Ces derniers auraient attiré les Anglais dans un endroit où s'étaient groupés des sous-marins. Le commandant n'en sait pas plus sur la bataille du Jutland. Désormais, le soir, les feux du navire sont éteints, et nul ne songe à éclairer sa cabine quand l'*Oronsa* navigue sur les eaux où les Anglais ont pris leur revanche après la bataille de Coronel.

Cependant que l'équipage répare peu à peu les dégâts causés par la tempête, je prépare la conférence que je dois donner dès mon arrivée à Buenos Aires. Le 7 juin 1916, un radiotélégramme vient bouleverser la monotonie des jours : le *Hampshire,* qui avait à son bord lord Kitchener, secrétaire d'État à la guerre, et sept cent trente-six hommes, a été coulé près des îles Orkney. Quelques jours plus tôt, le cuirassé avait pris part à la bataille du Jutland.

Plus nous approchons de l'estuaire du río de la Plata, plus l'eau devient glauque. L'*Oronsa* croise un cargo anglais ; à l'horizon disparaissent les cheminées de deux vapeurs naviguant vers le Brésil ou l'Europe. L'ancre est jetée en rade de Montevideo. Un remorqueur nous conduit jusqu'au vapeur *Ville de Buenos Aires* à bord duquel nous remontons le fleuve. Le contraste est saisissant entre le long courrier anglais robuste mais sans luxe, et ce salon flottant.

Lorsque je quitte l'*Oronsa*, je suis loin de me douter que ce paquebot construit à Belfast en 1906 sera torpillé en avril 1918. Dans les pages du *Temps* du jeudi 2 mai 1918, sont rapportés les propos d'un Américain qui se trouvait à bord : « Le navire a été touché à une heure dimanche matin. Les chaudières ont explosé trois minutes plus tard, et le navire a coulé douze minutes après avoir été torpillé. Les canots de sauvetage ont été lancés sans causer aucun accident. Les passagers et l'équipage, après être demeurés une demi-heure seulement dans les canots, ont été recueillis par un contre-torpilleur qui les a débarqués après cinq heures de navigation. » Par chance ou par miracle, on compta deux cent quarante-sept survivants ; on déplora trois victimes.

De bon matin, le 9 juin, le vapeur pénètre dans le chenal de Buenos Aires. Le lendemain, dans la salle des fêtes du collège San José, sous les auspices et au bénéfice du comité patriotique français, je donne ma dernière conférence en Amérique du Sud : Comment la jeunesse française s'est préparée à la guerre. Des projections présentent les sports les plus en vogue, dont un tout nouveau, le ski dans les Pyrénées. Le consul de France, M. Samalens, originaire d'Auch, se dit heureux de revoir ces montagnes que l'on peut apercevoir depuis la capitale du Gers. Malgré le froid, six cents personnes assistent à la conférence et la recette dépasse 1 300 piastres. Au moment de quitter la salle, on me remet une lettre : au cas où je disposerais de quelques heures à Montevideo, pourrais-je visiter Madame Villemur, rue Río Negro 1495, qui souhaiterait me demander de faire une conférence en cette ville. Madame Villemur défend la cause française en Uruguay, comme le souligne l'article qui paraîtra dans *Le Figaro* le 23 septembre 1917 :

« Mme Raymond Poincaré a reçu à l'Élysée M. Raoul Mendilaharsu, le jeune et distingué poète uruguayen, Mme Raoul Mendilaharsu et Mlle Sarah Blanco Acevedo, accompagnés par M. Juan Blanco Acevedo, ministre de l'Uruguay à Paris, qui lui ont remis un drapeau de leur pays, en soie et or, destiné à l'hôpital franco-uruguayen de Souilly, près de Verdun, soutenu par des fonds provenant de l'Uruguay.

« Ce drapeau a été envoyé par le Comité des dames françaises de l'Uruguay, dont la présidente est Mme Villemur et la vice-présidente Mme de Salterain, femme de l'éminent médecin, qui est un des principaux chefs du mouvement français dans les républiques de La Plata. L'envoi était accompagné du message suivant des dames de Montevideo, que Mme Raoul Mendilaharsu a également transmis à Mme Poincaré :

« Je suis chargée par le Comité des dames françaises de Montevideo de vous présenter, Madame, ce drapeau offert par l'Uruguay à notre hôpital franco-uruguayen, tout près de Verdun. Je suis également chargée de vous présenter le message accompagnant le drapeau et de vous exprimer, au nom des dames de Montevideo, leur profonde admiration pour le dévouement et le courage dont fait preuve la femme française et de vous dire, à vous, Madame, personnellement, combien votre nom est respecté en Amérique et combien nous apprécions les hautes vertus dont vous donnez l'exemple. »

Il m'est impossible de répondre favorablement à Madame Villemur. Le lendemain, après avoir accompagné les Laharrague qui embarquent sur le *Léon XIII,* je retiens une cabine sur le *Liger*. Je déjeune à l'hôpital français, dont la fondation remonte à 1845 – c'était alors une maison de secours qui comprenait douze lits –, et je développe les dernières plaques photographiques. Heureuse surprise : elles sont toutes réussies, même celles prises au cœur de la tempête !

Le 15 juin, une audition musicale est donnée pour célébrer mon retour en France. Parmi les dames qui emplissent le salon, l'une se distingue par sa beauté, son élégance, son regard. Il me semble la connaître, avoir déjà vu ces yeux... Mais oui, c'est la comédienne Arlette Dorgère, qui fut aussi meneuse de revue pour La Scala. Elle est encore plus belle que sur les affiches ! Et voici qu'elle s'excuse de n'avoir pu chanter après ma conférence...

Deux jours plus tard, lorsque j'embarque, la guerre reprend ses droits. Monte à bord, en même temps que moi, un veuf, mobilisé, qui laisse ses quatre enfants. Et quatre petites Argentines en deuil se rendent à Rio. L'ainée, Anita, veille sur ses trois sœurs, disant d'un air comique : « J'ai vingt ans... par l'âge, mais pas par la cervelle ! »

À l'aube du 23 juin, le *Liger* accoste à Santos, ville brésilienne célèbre pour la beauté de ses plages. Les paquebots et cargos allemands sont toujours à l'ancre. Sur les conseils du capitaine, je pars pour São Vicente car le bateau n'appareillera que le lendemain matin. Le train longe des villas, puis la mer. La côte est découpée : îles, presqu'îles, criques se succèdent. Un golfe ressemble à un lac avec sa ceinture de bananiers, de roseaux et ses cases de pêcheurs. Un pont suspendu mène dans une île étonnamment fleurie.

Le paquebot reprend la mer, encerclé par des bandes de marsouins et de bonites. Quand il navigue sur les eaux où le *Prince des Asturies* a fait naufrage en mars 1916, nous songeons tous avec horreur que les flots, en cet endroit, ont englouti des centaines de personnes. Le transatlantique espagnol, après avoir heurté un éperon rocheux, a sombré en quelques minutes.

À Rio, je revois aux fenêtres les gracieuses guirlandes d'enfants aux grands yeux noirs si expressifs. Rue du Catete, je visite le lycée français, tout récent et déjà en pleine prospérité. Afin de répondre aux aspirations des classes dirigeantes désireuses d'inculquer à leurs enfants la langue et la culture françaises, est fondée en novembre 1915 la Société franco-brésilienne d'instruction moderne. C'est ainsi que le lycée français ouvre ses portes, le 1ᵉʳ mai 1916, sous la direction d'Alexandre Brigole[4]. Inutile de préciser que c'est une façon de resserrer les liens entre la France et le Brésil, mais aussi de lutter contre l'influence allemande. Alexandre Brigole rencontrera souvent l'auteur de *Tête d'or*, du *Partage de midi*, de *L'Annonce faite à Marie*, Paul Claudel, nommé consul de France à Rio de Janeiro. Notre ministre plénipotentiaire, de février 1917 à novembre 1918, a pour mission d'encourager le Brésil à rejoindre les Alliés. Avec juste raison, il dit de Rio de Janeiro qu'elle est « la seule grande ville [...] qui n'ait pas réussi à mettre la nature à la porte ». Très rapidement, le lycée français formera l'élite du Brésil.

Le capitaine Salats, attaché militaire de France en Argentine, en Uruguay et au Brésil, rappelé en France, est monté à bord du *Liger*. Je vais en savoir un peu plus sur ces différents pays. Tout bateau étant un microcosme, j'apprends, en lisant le journal, que le Brésilien, monté à Santos avec une jolie fillette, est le directeur du jardin botanique : il a enlevé sa fille que sa femme, en divorçant, lui avait « prise ».

Nous longeons le cap Frio, si pittoresque avec ses roches dont l'une est fendue comme d'un coup de sabre ; le phare dressé au sommet d'une paroi verticale a l'air de tenir par miracle. Le 28 juin, passant devant le phare San Antonio et les vapeurs allemands désormais rouillés, le *Liger* mouille tout au fond de la baie de Bahia. Une énorme tortue, nageant à dix mètres du bateau, dresse sa tête plate. Le lendemain, la pluie noie le paysage ; les vêtements sont saturés d'humidité. Le paquebot lève l'ancre, cependant qu'un croiseur auxiliaire anglais vient mouiller à l'entrée du port. Le *Samara*, qui, en 1915, a transporté les premières recrues en partance de la Martinique, entre, à son tour, dans la baie.

La mer est agitée. Des poissons volants et un cétacé, dont on ne voit que l'eau chassée de ses évents, s'approchent

---

[4] Alexandre Brigole est né en 1878 à Paris ; naturalisé brésilien en 1903.

du bateau. Le 1ᵉʳ juillet, nous croisons un grand vapeur anglais ; les deux navires hissent leurs couleurs, se saluent de trois coups de sirène. Ce même soir, pour la première fois, on masque les lumières ; voilà qui rappelle aux passagers qu'il est des dangers plus menaçants que la mer : les sous-marins, les mines, les croiseurs.

Je continue à noter avec précision les déplacements du navire : le dimanche 2 juillet 1916, à lat. S. : 3,42 ; long. O. : 33,21, le *Liger* croise un quatre-mâts. Dans la soirée, des argonautes jouent avec le vent. Dressés sur la mer d'azur sombre, ils ressemblent à des colchiques. Le lendemain, des phosphorescences luisent dans les flots. L'eau, qui glisse le long du bateau, n'est qu'une frange lumineuse où, à chaque instant, les méduses bousculées lancent des éclairs. Au loin, sur des crêtes de vagues brille brusquement une lueur verte, cependant que s'allument la Grande et la Petite Ourse.

Le paquebot entre dans la zone des calmes équatoriaux : la mer est de plomb, le ciel laiteux. Des vols de poissons de plus en plus nombreux cinglent l'eau comme une poignée de cailloux : seule note gaie de ce désert mouvant. Les jours se succèdent, identiques. Le 7 juillet, des orages empêchent les télégraphistes de recevoir les dépêches. Dans la journée une bande de marsouins bondit autour du bateau, certains nagent à l'avant comme s'ils le remorquaient. Vers seize heures, alors que je discute sur la passerelle avec le capitaine Théron, le timonier crie : « Terre, terre ». On aperçoit à l'horizon les Mamelles, collines jumelles situées au nord de Dakar. Bientôt le *Liger* passe devant l'île de Gorée. Sa haute falaise est un orgue basaltique. Deux heures plus tard, le navire jette l'ancre tout près des quais et le charbonnage commence aussitôt.

M. Tardivel, directeur des Ateliers de la Marine, monte à bord pour faire installer un canon. Le lendemain, il m'emmène visiter les ateliers et découvrir le marché : une féérie de couleurs vives où domine toute la gamme des bleus. Des femmes aux gestes gracieux portent sur la tête d'énormes calebasses. Dans les rues du village indigène, les cases sont en chaume ou en roseaux, entourées de claies. Je regrette de n'avoir pas emporté les plaques orthochromatiques pour photographier le bariolage des étoffes, le bouquet vermillon des flamboyants et violet des bougainvillées.

Le jour même, le navire quitte Dakar, en longeant les îles de la Madeleine, rocheuses, découpées, et double un vapeur échoué sur un banc de récifs. Une forte brise jette sur le pont un poisson volant, aux ailes larges et transparentes. Les embruns montent jusqu'à la passerelle. Le 14 juillet, à bord, rien ne rappelle la fête nationale. Le vent et la houle ralentissent le bateau et les passagers désespèrent d'arriver à Bordeaux le 18 juillet, comme prévu. Nous approchons de la pleine lune, et les nuits sont superbes. Nous admirons la déroute des nuages au-dessus de la mer tumultueuse. Un marin nous raconte le torpillage du *Bordeaux*, cargo appartenant à la Compagnie générale transatlantique, à l'embouchure de la Gironde, en septembre 1915.

Le lendemain, le *Liger* entre dans le Tage dont la barre est marquée par le phare de Bugio. Après avoir longé des vapeurs allemands, le navire s'ancre en face de Lisbonne. Nous avançons notre montre d'une heure cinquante, et sommes étonnés de voir le soleil se coucher à 21 h 15 ! Ignorant le clair de lune splendide sur le Tage, les navires de guerre, parmi lesquels un contre-torpilleur français, le *Bouclier*, et un sous-marin, l'*Émeraude*, échangent des télégrammes lumineux.

Après avoir attendu la marée, le dimanche 16 juillet, le navire appareille pour la France ! Passant devant la tour de Belém avant de s'engager entre les filets destinés à arrêter les sous-marins, il longe la côte jusqu'au cap de Roca et cingle vers le nord. Le *Bouclier* le rejoint, le salue de son drapeau, le double pour éclairer la route : il file à 33 nœuds, le *Liger* à 11 ! En cas de torpillage, les provisions des canots ont été vérifiées et les ceintures de sauvetage de l'équipage sont suspendues au-dessous de chacun d'eux. Le navire croise de nombreux vapeurs, double le cap Ortegal. Il n'y a plus que le golfe de Gascogne à traverser ! Chacun pense : « Que Dieu nous protège jusqu'au bout ! » Le *Liger* atteint Bordeaux le 19 juillet 1916.

Le port de Valparaiso, Chili, 1918.

De Bordeaux à Bogotá

La première mission annonçait déjà la seconde. Le 18 mai 1916, dans deux ambassades différentes du Chili, sont rédigées deux lettres semblables. Depuis la légation de Belgique, le consul me remercie : « Au moment où vous allez quitter le Chili où vous laisserez tant de bons souvenirs, je me fais un plaisir de vous féliciter des succès oratoires que vous avez remportés et aussi de vous remercier d'avoir si éloquemment associé la Belgique à la propagande si utile et si intelligente que vous êtes venu faire ici. »

Le ministre de la République française au Chili écrit, de son côté : « Au moment où vous allez quitter Santiago, je tiens à vous remercier personnellement de l'œuvre de propagande française que vous avez accomplie ici. Vos conférences, outre le succès légitime qu'elles ne pouvaient manquer d'avoir, ont eu pour résultat de ramener à notre cause beaucoup de Chiliens indifférents ou germanophiles. Je ne regrette qu'une chose, c'est que le court délai, qui vous est imparti par l'autorité militaire, ne vous permette pas un séjour plus long au Chili. Il serait à souhaiter, pour la propagande française, ou que vous-même reveniez ici ou que le gouvernement envoie une autre personne avec le même talent de la parole et la même ardeur. »

Pour l'heure, j'ai repris ma place au centre de radiographie à Pau. En novembre 1916, j'apprends que je suis chargé par le gouvernement d'une seconde mission. Alors que mon départ est prévu pour la fin avril 1917, le 18 de ce même mois, la Compagnie générale transatlantique m'adresse le courrier suivant :

« Les événements en cours ont apporté des modifications aux itinéraires Bordeaux-Colón et St-Nazaire-Colón.

« Le départ du 25, Bordeaux-Colón, est retardé d'au moins 10 jours. Celui du 11 de St-Nazaire-Colón est reporté au 25.

« Je m'empresse de vous en faire part, afin de vous éviter un déplacement inutile.

« Veuillez me faire part de votre décision. »

Cinq jours plus tard, un télégramme de la même compagnie m'annonce encore : « Contrairement prévision, départ fixé vingt-huit ou trente courant. » Et une lettre me confirme que ladite compagnie espère que le *Haïti* pourra appareiller pour Colón avant la fin du mois. En réalité, le vapeur se fera attendre davantage, ce qui me permettra de revoir le *Liger* et de dîner avec le capitaine Théron, avant d'embarquer, le mercredi 2 mai 1917.

Le navire à coque en acier blanche, propulsé par deux hélices et construit en 1914 par les Chantiers et ateliers de Provence, est beaucoup plus somptueux que le *Liger,* plus rapide aussi. J'apprécie d'avoir une cabine spacieuse pour moi seul. Dès le premier soir, je dîne avec Georges Touchet, un jeune brigadier d'artillerie en permission qui revient chez lui, à Bogotá, et me donne des détails pittoresques sur la remontée du fleuve Magdalena. Mais cette nuit dans le port, sous la protection de deux canons, l'un à l'avant, l'autre à l'arrière du bateau, ne sera-t-elle pas la dernière ? Bordeaux occupe une position stratégique.

Le lendemain, un dernier ordre nous détache de la terre de France : « Larguez ! » Sous un ciel pâle nous glissons sur le fleuve. Deux heures plus tard, j'aperçois ma maison natale à La Roque et le clocher de Bayon. Au moment où je guette Beychevelle, on nous appelle au salon : comment se comporter en cas de naufrage ou pour parler plus clairement de torpillage. Nous montons sur le pont des embarcations, chacun devant le canot qui lui est attribué, les femmes essaient les ceintures, on pare les canots. Les canonniers sont à leur poste. L'instant est grave et émouvant. Le commandant me fait savoir qu'il souhaiterait que je le rejoigne sur la passerelle, en cas de malheur.

Nous passons près de vapeurs et de voiliers ancrés devant le Verdon. Nous longeons Royan, puis la côte jusqu'à hauteur de la Coubre. Le phare n'est pas encore allumé. Nous naviguons entre les mâts de trois navires coulés. Le soleil descend comme un énorme disque rouge. La silhouette du canonnier sur la plate-forme de l'avant se détache en noir sur cette auréole. À bord, les lumières sont éteintes. Nous gagnons nos cabines en tâtonnant, guidés par les parois des coursives.

Le lendemain, au réveil, la mer, comme nacrée, s'étale sous un ciel vaporeux, d'un gris bleuté. On ne distingue pas le ciel de l'eau. Quelques moires argentées révèlent des courants. Nous sommes à 100 milles au large, le navire file à 12 nœuds. Soudain, à 8 h 30, le canon d'avant pivote vers l'arrière. Une vague anormale soulève la surface calme de l'eau. On distingue, par moments, à distance égale, les capots noirs de deux sous-marins. Le capitaine Terrier a rejoint le quartier-maître canonnier, Léon Ernest, qui tire. Une gerbe d'eau jaillit où l'obus est tombé.

Des coups de canons résonnent, secs, espacés. Passagers, équipage, artilleurs, tout le monde est étrangement calme. Cela a été si soudain qu'on se croirait au spectacle. Le commandant Leprêtre descend de la passerelle, en pantoufles, sans col, comme le lieutenant Chevalier qui commande la pièce d'avant. Avec une rapidité ahurissante, le navire dessine des S pour ne présenter que son arrière à l'ennemi. Les canons tirent. Tout près de nous, une explosion à bâbord, une énorme gerbe, puis une fumée noire s'élève, sous laquelle vient se placer l'éclatement blanc d'un obus. La pièce arrière a tiré la première, puis la pièce avant a visé sous la fumée qui montait du sous-marin. Des applaudissements retentissent.

À 9 h 15, tout est fini. Nous avons été attaqués par deux sous-marins. Le second descendait de son quart lorsqu'en jetant un dernier coup de jumelles sur la mer, il en a aperçu un, assez loin à l'arrière. Le commandant, avisé aussitôt, regarde à son tour, au même moment le sous-marin plonge. La vitesse est augmentée, la direction est changée. Comme rien ne reparaît pendant un certain temps, le commandant se demande s'il n'a pas eu la berlue et s'apprête à faire réduire la marche. À ce moment, le sous-marin, qui a perdu notre trace pendant sa navigation sous l'eau, émerge par bâbord arrière : un premier obus est tiré trop court. Le sous-marin poursuit son avancée, une vague soulevée par sa masse, très visible sur cette mer calme comme un miroir, et que j'ai pu photographier, révèle sa présence. Un second coup, bien placé, soulève une énorme gerbe à 200 mètres environ de nous et l'avant du sous-marin apparaît, ainsi que ses deux kiosques, puis il retombe, arrêté net, et il dérive.

Un autre sous-marin apparaît à tribord. La poupe du paquebot semble se tordre comme un serpent tant nous tournons vite pour présenter toujours l'arrière à l'ennemi. Seule, la vitesse du navire permet une telle manœuvre. Nous filons à 16 nœuds, cependant que deux obus se succèdent. Le second sous-marin est coulé.

À l'arrière, sept coups de canon ont été tirés ; à l'avant, cinq. Grâce à leur sang-froid, les tireurs n'ont pas gaspillé de munitions. Il doit rester 288 obus. Pour avoir voulu faire sombrer un bateau, quelques femmes, un enfant de trois ans, quelques hommes qui ne sont même pas des combattants, nos agresseurs ont péri dans une mer indifférente, qui a déjà repris sa sérénité d'argent. Le navire poursuit sa course à 14 nœuds, vomit des torrents de fumée noire, car nous ne serons vraiment hors d'atteinte que le lendemain[5].

Deux messages ont été télégraphiés : « Combattons contre sous-marin » ; et une heure après : « Affaire bien terminée. Continuons notre route. »

Vague soulevée par l'un des deux sous-marins, le 4 mai 1917.

Vers 17 heures, une autre alerte : cette fois, ce sont deux cachalots qui s'approchent trop près du bateau. Mais au moment où les canons les visent, ils disparaissent. Sur la mer déserte, nous croisons des épaves : des planches, des balles de coton, une échelle de commandement, témoins muets de la barbarie.

Le 5 mai, une brume épaisse couvre tout. Si nous avions eu ce temps-là, hier matin, nous étions perdus : les sous-marins pouvaient s'approcher sans être vus et nous torpiller à bout portant. Aujourd'hui, nous avons à craindre

---

[5] Le commandant Leprêtre a été décoré de la croix de guerre, le capitaine Terrier, le lieutenant Chevalier et les canonniers ont été cités à l'ordre de l'armée.

un abordage puisqu'on ne peut employer aucun des signaux de brume. Encore des épaves, le commandant Leprêtre maudit le brouillard : « Il y a peut-être des malheureux dans des canots, et nous ne pouvons les voir ! »

Par prudence, le *Haïti* passera au large des Açores, entre Flores et Gracieuse. Les distractions sont rares. Ce matin, j'ai suivi du regard les évolutions de deux magnifiques oiseaux qui jouaient avec les vagues, glissant sur l'aile avec une force et une grâce remarquables. Ce ne sont pas des goélands, ils en ont la taille, mais leur plumage est fauve sur les ailes et le dos. Un vieux marin me tire d'incertitude : « Ce sont les âmes des capitaines morts en mer et qui ont été mauvais pour leur équipage. »

Le trois-mâts André Théodore, vu du Haïti, le 11 mai 1917.

Le 11 mai, nous apercevons un trois-mâts carré français, qui vient vers nous, toutes voiles dehors. Le paquebot manœuvre pour s'en approcher et stoppe. L'*André Théodore* est en mer depuis 128 jours, venant du Mexique par le cap Horn. Le commandant indique à son équipage la route à suivre pour tenter d'éviter les sous-marins ennemis à l'approche de la France. On leur crie les nouvelles, les victoires des Français et des Anglais. Les drapeaux se saluent quand s'éloignent les deux bateaux, le beau trois-mâts toutes voiles dehors est sans armes…

Alors que, le 13 mai, je déjeune sur le pont supérieur avec le commandant Leprêtre et le capitaine Terrier, la *Jeanne d'Arc* radiotélégraphie de se méfier d'un corsaire allemand qui rôde dans les parages. Le lendemain soir, toutes les lumières sont éteintes. L'ombre du navire glisse mystérieusement sur la mer éclairée par le reflet d'un ciel splendide où la Croix du Sud brille plus que jamais.

Trois jours plus tard, nous sommes enfin hors de danger. Le *Haïti* jette l'ancre devant Pointe-à-Pitre. Dans la baie, quelques embarcations s'inclinent sous des angles inquiétants. Le matelot qui les guide est couché sur une planche, à l'extérieur, du côté opposé à la voile, faisant contrepoids.

À Basse-Terre, pendant la nuit, nouvelle halte pour embarquer un contingent guadeloupéen de la classe 1918, à destination de Fort-de-France. À l'aube, les hauteurs de Marie-Galante s'estompent, tandis que Les Saintes défilent, comme des cimes jaillies des flots. Après une escale au Roseau pour remettre le courrier à des marins anglais venus le chercher en canot, la montagne Pelée apparaît. Nous voyons ses flancs d'autant plus nettement que le commandant a pris la direction du navire et range la terre. Les coulées de laves, les érosions dans les cendres et dans les tufs, la structure des falaises, les cavités, les bombes volcaniques, tout est magnifiquement net, bien qu'en quinze ans la végétation ait repris ses droits. Parmi les ruines de ce qui fut Saint-Pierre, quelques maisons sont rebâties ; 28 000 personnes ont été anéanties en moins de deux minutes, le 8 mai 1902. L'éruption de la montagne Pelée a coulé aussi une vingtaine de navires marchands.

La baie de Fort-de-France s'ouvre devant nous. Le fort Saint-Louis n'est pas sans rappeler le Château-d'Oléron. Je ne m'attarde pas en Martinique, je rejoins Bogotá en compagnie de Georges Touchet. J'ai le temps, cependant, de faire deux promenades dans l'île, l'une dans la voiture de l'archiprêtre de Fort-de-France, Mgr Bouyer que je connais un peu pour l'avoir vu à Saintes, l'autre dans celle de Camille Guy, gouverneur de la Martinique. La route de la Trace qui serpente au cœur de la forêt tropicale, ouverte par les Jésuites au XVIIIe siècle, contourne les pitons du Garbet. Elle a été prolongée jusqu'à la montagne Pelée. Par des rampes successives, elle grimpe jusqu'au camp de Balata, après avoir traversé le faubourg pittoresque du Pont de Chaînes. Des cases sont blotties sous les manguiers, les arbres à pain, les cocotiers, le long de la rivière Madame. Nous laissons à gauche la voie qui descend à Absalon et roulons à l'ombre d'immenses bambous et de bruyères hautes de sept à huit mètres. Le lendemain, nous empruntons la route de Redoute vers Saint-Joseph, qui domine la plaine du Lamentin.

Lorsque nous levons l'ancre, le 19 mai, à cinq heures, nous ne sommes plus que quatre passagers. À La Guaira, important port du Venezuela, montent d'autres voyageurs, dont Alfredo Ascarrunz, ministre plénipotentiaire de Bolivie, qui se rend à Bogotá. Quatre jours plus tard, je débarque à Puerto Colombia, après que le personnel de santé a passé en revue les yeux de l'équipage, du personnel et des passagers, par peur du *trachoma,* maladie fréquente dans les pays humides.

Il faut une heure et demie de chemin de fer à travers une végétation surprenante (des palétuviers, des cactus à raquettes, des cierges, des arbres à tronc lisse et violet), pour atteindre Barranquilla, ville pittoresque du nord de la Colombie, construite sur la rive occidentale du río Magdalena.

Dans la cour de la pension Inglesia, où M. Touchet et moi allons séjourner en attendant le vapeur express, d'immenses palmiers, des jasmins, des hibiscus, des lianes ombragent un bassin dans lequel évoluent une dizaine de grosses tortues, abritent des aigrettes d'une blancheur éblouissante, des spatules roses, des canards siffleurs...

Le jardin est luxuriant, nos chambres d'une simplicité étonnante. Le lit rappelle étrangement le chariot des rois fainéants : des X en bois supportent un cadre rectangulaire sur lequel est tendue, comme sur un tambour, une toile forte. La literie est composée d'un drap et d'un traversin. Une moustiquaire pend des quatre piliers placés aux angles du lit.

On enfonce jusqu'aux chevilles dans les rues en sable fin. Les maisons, encadrées de cocotiers, de palmiers, de figuiers, ont des fenêtres grillées, des portes à claire-voie, sont badigeonnées en bleu pâle, en rose, en chamois, en blanc, et couvertes en roseaux. Par les portes se devinent des jardins lumineux, des intérieurs pittoresques. Dans la rue, nous croisons des Indiennes, leurs cheveux tressés en grandes nattes et piqués de fleurs ; des gamins tout nus jouent avec des chiens et des cochons. Des ânes minuscules sont enfourchés par des hommes dont les pieds touchent par terre. Les *chulas*, ou vautours noirs, font partie du service sanitaire : il est donc interdit de les tuer. Ils vont et viennent, picorant dans les immondices.

La chaleur est difficilement supportable. Nous rêvons de Bogotá : à 2 600 mètres d'altitude, nous sortirons le soir avec un pardessus ! Aussi, le 28 mai, embarquons-nous avec joie sur le vapeur *C. Pradilla Fraser* de la Columbia Railways and Navigation Company. Un bras étroit du río Magdalena, le Caño, passe devant Barranquilla. Pendant 1 000 kilomètres, nous allons remonter jusqu'à La Dorada, le premier tronçon du fleuve, soit la distance de Perpignan à Dunkerque.

Le voyage depuis l'Atlantique jusqu'à Bogotá se divise en une série de transports : de Puerto Colombia à Barranquilla, en chemin de fer : 27 km en 1 h 30 ; de

Barranquilla à La Dorada, en bateau à vapeur : 1000 km, en 6 jours : de La Dorada à Beltrán, en chemin de fer : 111 km, en 6 heures ; de Beltrán à Girardot (remontée des rapides) en bateau : 80 km, soit 13 heures ; de Girardot à Facatativá (altitude : 2 600 m), en chemin de fer : 134 km ; enfin de Facatativá à Bogotá en chemin de fer : 38 km, soit 11 heures. Inutile de préciser que les arrêts ne sont pas comptés. Or, ils sont nombreux, ne serait-ce que pour renouveler la provision de bois que les foyers dévorent ! Dix jours sont nécessaires pour accomplir les 1 390 km. Et, il faut compter 500 dollars de combustible par voyage.

À 19 heures, nous démarrons dans un tumulte insensé : les machines lâchent l'excès de leur vapeur en sifflant et en grondant, la sirène se met à braire comme un âne puissant, jetant à satiété dans l'air des hi-han formidables, les pales de la roue battent les eaux avec un fracas sauvage : tout gronde, tout craque, mais nous partons et nous avançons même très vite, il est vrai que nous descendons maintenant un simple bras du delta. Bientôt, nous entrons dans le fleuve que nous commençons à remonter à une vitesse moyenne de 15 km à l'heure, malgré la rapidité du courant.

La cabine est d'une simplicité cénobitique : deux cadres pliants recouverts de toile, un pot à eau, une cuvette, un crachoir et un canari. Pas de draps ! Pas de serviettes ! Les voyageurs les voleraient... À table, nous n'avons que des serviettes en papier. Heureusement, M. Touchet a eu le temps de se procurer deux oreillers. Nous coucherons roulés dans nos moustiquaires : des draps en tulle, c'est bien suffisant ! Aux fenêtres une toile métallique empêche d'ailleurs les moustiques d'entrer. La nuit est agréable, presque fraîche, grâce au vent et au ventilateur. Quel bonheur après les nuits chaudes de Barranquilla !

Le bateau est une maison flottante installée sur une gabarre qui mesure 40 m de long sur 10 m de large, et dont le tirant d'eau est de 1,70 m. En d'autres termes, sur un caisson de tôle est édifiée une maison en bois et en tôle ondulée, comptant trois étages. Le rez-de-chaussée est réservé aux chaudières, aux machines, au combustible et aux bagages. Le premier étage comprend une terrasse, la salle à manger, l'office et les cabines ; le deuxième étage comprend également des cabines et une terrasse qui fait le tour du bateau ; le troisième étage est constitué par une sorte de tourelle d'où les pilotes dirigent l'embarcation. La propulsion se fait au moyen d'une énorme roue à aubes placée à l'arrière et pouvant se mouvoir latéralement sur son axe pour servir de gouvernail. Tout est recouvert de tôle pour éviter que les flammèches qui s'échappent des deux hautes cheminées n'incendient le bateau. Les chaudières placées sous les cabines augmentent tant la température que l'on ne peut y demeurer si le ventilateur électrique ne fonctionne pas.

Le lendemain matin, à l'horizon, se découpent les sommets enneigés de la sierra Nevada. Le bateau s'arrête pour charger du bois et des bœufs. Les animaux, jetés à l'eau depuis la rive, sont repêchés et embarqués ! Les spectacles se multiplient : là, un troupeau, regroupé par des *vaqueros*, traverse un affluent à la nage. Ailleurs, une tortue navigue sur un bois flottant.

Le fleuve est barré à l'est par des montagnes bleues qui se haussent à mesure que le vapeur avance. Passé le village de La Gloria, nous entrons dans la forêt vierge : des arbres gigantesques, des bambous géants, des caoutchoucs, des palmiers et des lianes envahissantes. Les passagers ne sont séparés du pied des montagnes que par une étroite bande de forêt. Des oiseaux aquatiques se perchent sur la cime des arbres. Par endroits, une éclaircie : la forêt a été brûlée pour créer des pâturages.

Le vapeur croise des pirogues creusées dans un tronc d'arbre, menées généralement par deux hommes : l'un tient une perche et court d'avant en arrière ; l'autre, à l'arrière, se sert d'une pagaie large à manche court – ou bien de deux pagaies – pour gouverner. Plus loin, une pirogue, chargée d'un pauvre mobilier, arbore un drapeau rouge et un Indien fait des signes désespérés pour que le vapeur s'arrête afin que la vague produite par la roue ne le fasse pas chavirer. Quand le *steamboat* fait une halte, comme à Bodega Central qui possède un grand magasin en tôle ondulée, des gamins viennent vendre des gâteaux, du caramel étalé sur une feuille de bananier.

Pirogue sur le rio Magdalena, mai 1917.

Vue du bateau, la forêt vierge est un fouillis de verdure et d'arbres tellement denses et hauts que l'on croirait passer au pied de coteaux boisés. Le fleuve est si haut que la forêt semble flotter. Des mimosées se penchent sur l'eau ; derrière elles des papyrus, des *platanillos* ou arbres du voyageur aux feuilles larges et longues. Ailleurs, de grands arbustes élégants au tronc droit et mince, d'un gris argenté, portent des éventails de feuilles digitées semblables à celles de la papaye ou du marronnier. Des lianes grimpent ou pendent comme des cordages, recouvrent des arbres gigantesques qui paraissent plier sous ce manteau énorme. Mais la splendeur vient des grands arbres jaillissant du sol et montant vers le ciel, aussi droits que des mâts, pour épanouir à quinze ou vingt mètres de hauteur une couronne de branches en forme de parasol. Quelques arbres tordent leurs branches à la façon du pin à crochets des Pyrénées. Tout est d'un vert sombre, intense, tandis qu'au premier plan bananiers et roseaux sont d'un vert jaune très clair.

Parfois un coin de forêt a été éclairci au bord du fleuve. On voit une ou deux paillotes, minuscules sous ces géants. Leur toit est de feuilles de bananiers ou de roseaux : une palme suffit à couvrir tout le faîte. La plupart du temps, elles n'ont pas de murs. Quelques haillons de couleurs éclatantes sont suspendus ; on voit des poules, un chien, une pirogue attachée au bord du fleuve. Je découvre à quel point les illustrations des ouvrages de Jules Verne par Edouard Riou sont proches de la réalité. Je fixe inlassablement le paysage sur des plaques.

Plus on pénètre dans la forêt vierge, plus les villages deviennent rares ; seules se devinent quelques rares cases isolées, minuscules sous les arbres géants ; la plupart sont abandonnées, sans doute à cause de la crue. Ces trois dernières années, le río Magdalena a débordé, inondant de nombreux villages, obligeant les populations à se réfugier à Barranquilla. La dernière crue – la plus forte de mémoire d'homme – a atteint quatre mètres et noyé quelque 40 000 bœufs.

Le parfum des fleurs envahit tout. Après avoir passé Puerto Wilches, une halte est faite à Barrancabermeja, village coquet, aux maisons à étage, avec un balcon et des stores, ce qui indique la présence d'Anglais. Des tuyaux et des machines en grand nombre sont débarqués sur le sol pour une exploitation pétrolifère. Un chemin de fer et un grand hangar sont en construction. Deux Anglais en manche de chemise dirigent les travaux.

Plus loin, trois crocodiles dorment sur un banc de sable. Plus loin encore, dix autres sont échoués sur des plages. Sous leur enduit de vase, leur corps rugueux, immobile, pourrait être confondu avec un bois flotté, si l'on ne voyait leurs écailles briller au soleil. Des papillons traversent le fleuve. De temps en temps le *C. Pradilla Fraser* croise ou dépasse un vapeur, des chalands chargés de bestiaux. Souvent, à l'arrière d'un chaland, une peau de bœuf tendre sèche au soleil, et sur un tréteau sont posés des quartiers de viande, malgré une température qui avoisine les trente degrés. Un village se découpe sur une haute falaise de terre rose. Dans une crique, un radeau, recouvert d'un toit de chaume, est une case flottante.

Alors que la nuit est close, le vapeur s'amarre à des arbres pour charger du bois. On ne devine pas une seule trace d'habitation. Nous en profitons pour fouler le sol sablonneux, récemment inondé, élastique sous nos pieds. Les arbres dont la feuillée ne commence qu'à une vingtaine de mètres paraissent encore plus gigantesques. Des lucioles brillent dans l'ombre verte.

Le bateau, qui ne peut naviguer de nuit en raison des nombreux bancs de sable, poursuit sa course dès cinq heures du matin, malgré le brouillard épais. Quand la brume finit par se dissiper, les rives sont devenues plus accidentées. Des falaises, de gravier rose ou saumon, s'élèvent, couvertes d'arbres et de fleurs. Le fleuve s'élargit, encercle des îles verdoyantes et des plages de sable sur lesquelles bâillent des crocodiles. Sur l'une d'elles, nous en comptons trente ! Qu'attendent ces vautours sur le bord du quai, à Puerto Berrío ?

Le vapeur longe des bananiers, principale culture des riverains dans cette partie du fleuve. Le soleil se couche, éclairant dans une nuée d'or des papyrus. Comme la veille, le bateau s'arrête en forêt, charge du bois, près d'une case et d'un appentis de bambous et de palmes dans lequel une Indienne, accroupie près d'un foyer, fume dans l'ombre un énorme cigare. Dans le ciel clair brille la Croix du Sud. Les arbres dressent à contre-jour leurs silhouettes immenses d'où pendent les fines cordes des lianes, tandis que les larges feuilles des bananiers luisent comme du métal sous la clarté lunaire. Dans des trous d'ombre étincellent des lucioles. Quand nous repartons, le capitaine m'invite, avec le ministre de Bolivie, Alfredo Ascarrunz, et Georges Touchet, à monter sur le pont le plus élevé, pour admirer le fleuve éclairé par la lune.

Le lendemain matin, la forêt paraît encore plus dense et le fleuve rétréci, tant sont hautes les rives formées de lits de gravier. À la cime d'un gigantesque arbre mort une colonie de cigognes maguari – ou de grèbes – a installé ses nids. Lors d'une halte pour le bois, j'en profite pour traverser une plantation de cannes à sucre et photographier Alfredo Ascarrunz et Georges Touchet. Nous ramassons de l'ivoire végétal, graine ronde de la grosseur d'un œuf, dure et lourde comme un caillou, qui pousse dans une gaine épineuse au pied de quelques palmiers. Au moment où l'ancre est levée, nous apercevons un bouc, des chèvres sauvages et une troupe de vautours : les uns sont noirs, les autres, reconnaissables à leur manteau blanc, leur tête rouge, sont des vautours rois. Je dessine un *rey gallinazo*.

Après sept jours de navigation sur le río Magdalena, voici La Dorada. Le train nous emmène à Beltrán, afin d'éviter les rapides au Salto de Honda, faille géologique qui sépare en deux la navigation sur le río Magdalena. Deux arrêts sont prévus : l'un à Honda, la Ciudad de los Puentes, dont le nom vient des aborigènes Ondaimas qui peuplaient les rives du Magdalena en ce lieu, l'autre à Mariquita. À Beltrán, à deux heures du matin, sous l'orage, nous embarquons sur l'*Union*, vapeur du Haut-Magdalena, appartenant à la compagnie Antioqueña de transportes. Nous restons sur le pont car il n'y a pas de cabine.

À cinq heures, le jour paraît aussi brusquement que la nuit tombe. Le vapeur tremble, mais il avance rapidement, malgré la force du courant, entre des coteaux de sable et de grès marneux. Le fleuve ne mesure guère que cent cinquante mètres de large. À chaque clapotement croule un peu de terre.

Sur la rive gauche, se dressent des montagnes bleues, barrées à mi-hauteur par une immense bande de nuages.

Village sur les rives du rio Magdalena, juin 1917

L'*Union* franchit un premier rapide. Des bancs de grès émergent à une certaine distance des deux rives, creusés de marmites de géants. Le vapeur poursuit sa course entre des terrasses, hautes d'une soixantaine de mètres, ancien lit du fleuve. La forme tabulaire est très nette. Tout a été défriché, on ne voit plus que de beaux pâturages où paissent des bœufs et des chèvres dont certaines ressemblent à l'isard. Un nouveau coude du fleuve, et le bateau longe une falaise de terre ocreuse. Plus loin, des cactus cierges s'accrochent aux moindres corniches.

Sur une plage de galets, près d'une bande de vautours, des Indiennes en jupe rouge lavent du linge. L'une a le gracieux costume qui laisse à découvert toute l'épaule droite et le bras, en drapant obliquement le buste. Sur une plage de sable, qui succède à une haute falaise de poudingue à gros éléments, une trentaine de tortues nous regardent passer. Les plantations de maïs ont remplacé la forêt. Les troupeaux sont de plus en plus nombreux. Près d'un bœuf endormi sur la plage, un caïman allonge hors de l'eau sa tête sournoise. Soudain, le décor rappelle le gave de Pau du côté de Saint-Pé-de-Bigorre et de Lourdes ; il ne manque que les villages pyrénéens et la blancheur des cimes neigeuses. Si ce n'est quelques plants de bananiers, la végétation tropicale se fait oublier.

De nouveau, des lavandières, en robes rouges ou bleues, en chapeau, les cheveux épars ou tressés en deux nattes ; auprès d'elles, des enfants se baignent. Plus loin, des hommes douchent leurs chevaux au moyen d'une écuelle, sans les faire entrer dans le fleuve dont le courant les emporterait. Un radeau passe, secoué fortement par les vagues que soulève la roue du vapeur. L'Indien, qui dirige l'embarcation avec une pagaie, est assis à l'avant, les jambes dans l'eau.

Le fleuve s'est resserré, encadré par des falaises de plus en plus hautes. La rive droite n'a rien de rassurant : on y voit les restes d'un vapeur broyé six mois auparavant, des radeaux, de nombreux troncs d'arbres. Avant de parvenir à Girardot, le bateau suit un couloir de verdure, longe, sur la rive gauche, une falaise cannelée par le ruissellement. Soudain, un grand pont métallique enjambe le canyon : le voyage sur le río Magdalena s'achève à Girardot, le 4 juin 1917, après huit jours de navigation. Atanasio Girardot, héros de l'indépendance, fils de Louis Girardot, un immigrant français, a donné son nom à cette ville qui se trouve au confluent du río Bogotá et du río Magdalena.

Quatre matelots, les reins ceints d'un pagne, se jettent à l'eau, malgré le courant, pour porter à terre les amarres du bateau. En quelques brassées vigoureuses, ils atteignent la rive, se frayant un passage au milieu des lavandières. L'une est remarquable : assez jeune, drapée dans sa longue robe d'andrinople, un tissu en coton teinté en rouge, elle porte sur sa magnifique chevelure un invraisemblable chapeau de feutre qui a dû être vert, et elle fume à belles bouffées un énorme cigare. Une autre met vite une épingle à l'échancrure de sa robe pour que l'évêque, qui a embarqué à Puerto Berrío, ne voie pas sa poitrine. En général, toutes ces Indiennes se détournent ou s'accroupissent au passage du bateau pour ne pas être vues. Que se passe-t-il ? Deux porteurs se battent à coups de poing. Ils sont séparés au moment où l'un d'eux a déjà les pieds dans le fleuve.

Georges Touchet est attendu par son père dont les deux fils étaient partis pour la guerre, un seul revient. Pierre est mort pour la France, le 2 septembre 1916, il avait vingt-deux ans. Nous gagnons l'hôtel San Germán, fondé en 1900 par Germán Venegas, racheté en 1917 par Guillermo Duran[6]. Je dîne en compagnie de M. Touchet, de ses enfants et du lieutenant d'artillerie Bonnet, qui descend de Bogotá après cinq mois de mission. C'est, en quelque sorte, un repas d'initiation. J'y apprends que le ministre de France n'est guère aimé à Bogotá ; le ministre d'Allemagne, bien que vénal, est plutôt aimable et très aimé. L'archevêque Bernado Herrera Restrepo est francophile et militant. Après la retraite de Charleroi, il a confié à un missionnaire : « Si j'apprenais que la France est vaincue, j'en mourrais de douleur. » Il n'a pas hésité à expulser un religieux espagnol qui faisait de la propagande en faveur des Allemands.

M. Bonnet me conseille de ne pas descendre chez les frères, mais plutôt chez les Eudistes qui ont une résidence en ville et un séminaire hors de la ville. On me recommande aussi de donner mes conférences en espagnol et de ne pas accepter le patronage d'une certaine Mme Joséphine qui me sera proposée par le ministre. Elle est charmante, mais si peu posée ! Je découvre que Bogotá se divise en trois clans : le diplomatique où Mme Joséphine a de l'influence, le ploutocratique et la bourgeoisie. Il a suffi d'un repas pour dresser la radiographie de Bogotá, comme dans un roman de Balzac ou de Zola.

---

[6] L'hôtel existe toujours.

Monseigneur Guiot, évêque des Llanos, est français et lazariste. Mgr Enrico Gasparri, né en 1871 dans la province italienne de Macerata, est le neveu du cardinal Pietro Gasparri, signataire des accords du Latran. Nommé, par le pape Benoit XV, archevêque *in partibus* de Sébastée le 9 décembre 1915, il est envoyé le jour même en Colombie en tant que délégué apostolique. Le 20 juillet 1917, il devient nonce apostolique en Colombie, avec les pleins pouvoirs diplomatiques. Mais j'apprends que l'on reproche à son secrétaire de s'être signalé, peu avant mon arrivée, par une conférence dans laquelle la femme française devenait une bacchante ! Lors d'un diner chez les Sœurs de la présentation, je devrais couper court aux questions indiscrètes qu'il me pose au sujet de mes enquêtes sur les religieux français. Il tente alors de questionner le ministre de France qui n'en sait rien. N'obtenant pas de réponse, il prétend, sans les avoir vus, que mes papiers ecclésiastiques ne sont pas en règle !

Ma mission en Amérique du Sud s'annonce périlleuse. On me dit que le président de l'Alliance française est germanophile, que certains évêques le sont aussi. L'un d'eux est même surnommé *el Kaiser de la Playa*.

Dès le lendemain, 5 juin, je poursuis mon voyage. Le train traverse une large plaine qui ondule entre deux chaînes de collines. Des champs vastes, clos de fils de fer, où croissent de hautes herbes dans lesquelles s'enfonce le bétail, alternent avec quelques cultures, principalement du maïs et des arbustes. Les friches sont nombreuses sur ce sol pourtant riche. Quelques cases sont encloses dans une cour dont la palissade est faite de cactus.

Après s'être arrêté longuement en gare de Tocaima, le train suit la rive gauche de l'Apulo, aux eaux rapides et sales. Avant de passer sur la rive droite, il remonte la vallée. Des palmiers à raisins jaillissent parmi des roseaux et des graminées dans lesquelles disparaissent de grands bœufs roux.

À mesure qu'on approche de La Mesa, perchée sur un immense plateau qui sépare la vallée de l'Apulo de celle de

Bogotá, la vue s'élargit. Le chemin de fer s'élève en longs lacets. Les premiers caféiers s'aperçoivent vers 1 200 mètres. À chaque halte, des femmes et des enfants proposent des bananes, des ananas, des goyaves, des pêches, des raisins et des fruits inconnus. Le train s'arrête pour laisser traverser des mulets qui descendent d'une exploitation, chargés de sacs. Puis il s'engage dans une longue tranchée creusée dans les schistes, entaillée parfois transversalement par un ravin.

Après avoir dépassé le point culminant, vers 2 900 mètres, s'aperçoit Facatativá, petite ville située au milieu d'un large plateau de pâturages ceint de montagnes. Les passagers pour Bogotá changent de train, prennent le ferrocarril de la Sabana. Nous traversons une plaine immense où poussent du blé, du maïs, des pommes de terre, des prairies, mais aussi des bouquets d'eucalyptus, des saules, des peupliers. On devine de nombreuses bourgades et des maisons éparses. Un vrai coin de France !

Le 6 juin 1917, me voici enfin à Bogotá. À l'École des arts et métiers, le directeur, F. Irénée, me donne l'hospitalité. Ce soir-là, je note dans mon carnet : « Notre voyage a été relativement frais puisque nous n'avons pas dépassé 35 degrés... pendant notre navigation sur le fleuve. Et quelle navigation ! J'ai été dans l'enthousiasme d'un bout à l'autre pendant les huit jours de notre remontée du fleuve au milieu de la forêt vierge. Rien ne saurait donner une idée de cette splendeur végétale. Nous avons navigué entre des montagnes, remonté des rapides, dérangé plus de cent crocodiles, des tortues, des oiseaux merveilleux, des papillons, des orchidées... »

La remontée du Magdalena a réveillé en moi le photographe : à Bogotá, je développe une soixantaine de clichés. J'en ferai d'autres sur ce même fleuve quand, le 20 août, Georges Touchet m'invitera à chasser le crocodile.

Entrée dans la forêt vierge, juin 1917.

Page suivante : *Alfredo Ascarrunz, ministre de Bolivie, et Georges Touchet sur les rives du Magdalena.*

Un second séjour mouvementé

Malgré tout ce que j'ai pu entendre, la seconde mission s'annonce sous de bons auspices. Dès mon arrivée, je suis accueilli par le ministre de France qui reçoit, alors même que je me trouve dans son bureau, une lettre du ministère des Affaires étrangères l'informant de ma mission en Colombie. En outre, j'apprends que les Colombiens aiment la France ; il ne tient qu'à elle d'y occuper le premier rang, même commercialement. Les frères, avec lesquels je déjeune aux Arts et Métiers, me donnent à ce sujet des précisions utiles.

Le supérieur des Eudistes m'offre une chambre spacieuse dont l'une des fenêtres ouvre sur les montagnes proches du Montserrate et de la Guadalupe. Je distingue les moindres détails de leurs flancs. Mon lit est un peu dur : un matelas sur des planches ; avec la montagne en face, je peux me croire dans un refuge. La fraîcheur renforce l'illusion.

Je fais la connaissance du père Jehanne Mathurin qui restera vingt-sept ans en Colombie, comme professeur et supérieur du séminaire, puis comme provincial, avant d'être élu, en 1930, supérieur général des Eudistes. Très estimé du clergé colombien, il est également apprécié par la société de Bogotá. À la fin du XIXe siècle, à la demande du pape Léon XIII, un petit groupe d'Eudistes s'est installé en Colombie, à Cartagena, puis s'est implanté plus largement en Amérique latine, notamment au Venezuela et au Brésil.

Autre bonne nouvelle : un de mes confrères et compatriote, né à la Tremblade, en Charente-Maritime, Maurice Dières-Monplaisir, vit à trois journées seulement de Bogotá, dans une bourgade peuplée, paraît-il, de sauvages habillés de plumes ! En 1904, à l'initiative de Maurice Dières-Monplaisir, la communauté montfortienne (fondée par San Luis María Grignion de Montfort) s'installe à Villavicencio, au sud-est de Bogotá, dans la région des Llanos, et se charge du développement social de la ville. J'ai fort envie d'aller le voir, d'autant plus que deux jours plus tard je suis invité à déjeuner par Mgr Guiot, évêque missionnaire dont mon compatriote est le secrétaire. Finalement, c'est lui qui viendra. Nous évoquerons sa sœur Madeleine, devenue la supérieure des Sœurs de la sagesse à Niort, l'île d'Oléron, Saint-Trojan, Pons...

À Bogotá, les invitations se succèdent. Le supérieur du collège de La Salle m'invite, lui aussi, à loger chez les Frères des écoles chrétiennes ou Lasalliens qui, depuis 1890, exercent une fonction éducative en Colombie. Je rends visite à l'archevêque, Mgr Enrico Gasparri, au directeur du Cinérama, au directeur d'*El Nuevo Tiempo*, puis au ministre de France qui m'annonce que le Comité des dames, qui patronnera ma conférence, est formé, et m'invite à prendre le thé avec la femme du ministre de Belgique pour tout organiser. Les Sœurs du bon pasteur me demandent d'assister, en même temps que le ministre de France, à l'inauguration d'une statue de Notre-Dame de Lourdes. À l'école normale, je préside un dîner et une séance récréative au cours de laquelle sont lus par des élèves des poèmes composés à la gloire de la France. Les Sœurs de la présentation tiennent également à m'inviter. Je découvre ainsi les différentes façons d'accommoder les bananes : en beignets, pelées et revenues dans du beurre à savourer en dessert, ou coupées en tranches et frites comme des pommes de terre.

Je trouve le temps d'arpenter le Boquerón, gorge ravissante qui sépare le Montserrate du cerro de Guadalupe.

À Guasca, je suis invité à visiter Agua Caliente – des sources chaudes –, à rechercher des émeraudes, à chasser sur les flancs du Cerrito del Santuario ; à Chapinero et à Cajicá, à chevaucher dans les vallées de Funza et de Sopó. Avec Georges Touchet, je gravis le Montserrate. Hélas ! À 3 000 mètres, un orage nous force à renoncer au deuxième oratoire. L'excursion la plus étonnante a consisté à parcourir à cheval plus de cent kilomètres pour aller voir des sépultures indiennes. Ce fut une course de trois jours, où il a fallu endosser le costume de cow-boy : d'immenses culottes en peau, ou *zamarros,* un poncho, des étriers de cuivre, le lasso, etc. Par malheur, mon cheval butait tant que j'ai mordu plusieurs fois la poussière.

Lors d'une réunion à la légation de France, avec les dames patronnesses[7], une conférence est fixée, pour le 4 juillet, au Teatro Olympia, inauguré en décembre 1912. Après un article paru dans le *Grafico,* journal qui voit le jour à Bogotá vers 1910, tout se complique. Les Allemands, ou plutôt le clergé germanophile, multiplient les démarches pour empêcher mes interventions. L'archevêque de Carthagène télégraphie à celui de Bogotá et au nonce de se défier de moi. Puis, s'appuyant sur le rapport d'un passager colombien du *Haïti,* il leur adresse une lettre dans laquelle il déclare que je suis un officier français déguisé en prêtre et que j'aurais eu sur le bateau une tenue déplorable. Le *Transocéan* du 4 juillet m'invite publiquement à prouver mon caractère sacerdotal, de manière à ne laisser subsister aucun doute. Averti par le ministre de France, je me rends en sa compagnie chez le nonce à qui je montre mes papiers en règle. Puis nous allons chez le ministre de Bolivie, Alfredo Ascarrunz, qui déclare que, si je me suis mal tenu à bord du *Haïti,* lui aussi assurément

---

[7] Les dames patronnesses : Margarita van der Stichele, femme du ministre de Belgique ; Nina Reyes de Valenzuela ; Amalia Reyes de Holguín ; Sofía Reyes de Valenzuela ; Josefina Suárez de Edmunson ; Paulina Valenzuela de la Torre.

car nous étions très souvent ensemble, et il me remet un certificat de bonne conduite !

La conférence a finalement lieu devant 1 200 personnes. Mais, bien que la salle soit gardée par deux cents soldats en armes, des pierres, lancées contre le théâtre, brisent des vitres. Le texte de la conférence paraît le lendemain dans un journal colombien.

Après avoir donné deux autres conférences, je descends le fleuve, pensant reprendre le paquebot *Haïti* pour gagner la Martinique, puis Panama et la côte du Pacifique. Il est si difficile d'accomplir les 1 500 kilomètres qui me séparent de l'Atlantique que je parviens à Barranquilla deux jours après le départ du paquebot. Je débarque enfin à Fort-de-France, le 17 septembre. Obéissant à de nouvelles instructions du ministère, j'embarque à la fin du mois, avec le gouverneur militaire, pour un bref séjour en Guadeloupe où je multiplie les conférences. On pouvait lire dans l'*Echo des Antilles* :

« Le 2 octobre nous est arrivé M. l'abbé Ludovic Gaurier, prêtre du diocèse de La Rochelle. Mobilisé dès le début de la guerre, il a été détaché d'une ambulance du front où il était infirmier, et envoyé par le gouvernement français en Amérique latine pour lutter contre la propagande allemande. Mais c'est surtout au Touring-Club de France, dont il est membre délégué, et à la "Guadeloupéenne" qui, on ne l'ignore pas ici, s'occupe aussi de tourisme, que nous sommes redevables de la présence parmi nous de ce conférencier "averti et documenté", comme le qualifie un journal de la Pointe-à-Pitre. Le mardi 16 octobre, à Basse-Terre, devant un public nombreux et distingué, où l'on remarquait aux premiers rangs M. le gouverneur et Mgr l'évêque, M. l'abbé Gaurier, après avoir fait l'éloge mérité de notre île si belle, si productive et… si peu mise en valeur, a parlé longuement du tourisme, de ses bons résultats actuels en France, et du brillant avenir qui lui est réservé aux Antilles et spécialement à la Guadeloupe. Il a terminé en commentant d'intéressantes projections et films cinématographiques de guerre. Le samedi suivant, il donnait, à peu près sur le même thème, une autre conférence à la Pointe-à-Pitre et, le mardi 23 octobre, il s'embarquait pour la Martinique, d'où il ne tardera pas à repartir pour continuer chez les neutres et nos alliés de la "côte ferme" son œuvre si opportune de patriotique propagande. »

La conférence donnée à Basse-Terre, « Une œuvre de relèvement national : le tourisme après la guerre en France et dans les Antilles », est faite au profit des orphelins de la guerre. À Pointe-à-Pitre, le thème est semblable, mais la causerie a lieu dans le cadre de la journée nationale des orphelins de l'armée d'Afrique et des troupes coloniales.

Chassez le pyrénéiste, il revient au galop. Comment résister à l'appel des sommets ? En compagnie d'un guide et d'un porteur, je gravis la Soufrière, point culminant des Petites Antilles, et l'Échelle. Le retour a lieu par les sources du Galion. Quatre jours plus tard, c'est en solitaire que je réalise ma seconde ascension de la Soufrière.

Le 27 octobre, je regagne la Martinique sur le *Haïti*, je retrouve avec bonheur le commandant Leprêtre, décoré de la croix de guerre, pour avoir sauvé son navire, le 4 mai dernier. Quelques jours plus tard, je déjeune à bord du croiseur cuirassé *Marseillaise* avec le commandant, le second et le médecin. Nous partagerons plusieurs dîners, notamment chez Mgr Lequien. Entre deux conférences au théâtre municipal de Fort-de-France, que faire ? Je gravis un autre volcan, la montagne Pelée, dont l'éruption, quinze ans auparavant, reste dans toutes les mémoires.

Muni enfin du précieux permis de navigation, je prépare mon séjour au Venezuela, en décembre. Puis je reviendrai chercher mes malles et rejoindrai Valparaíso par le canal de Panama. Hélas ! Les troubles liés à la guerre en décideront autrement. En temps de paix, un bateau appareille tous les quinze jours. Le service maritime est alors si perturbé qu'il faut parfois attendre six semaines pour en voir accoster un. Des lignes n'existent pour ainsi dire plus, comme celles qui relient Fort-de-France à Colón : les vapeurs changent de destination, préfèrent aller charger du sucre ailleurs. C'est donc seulement le 22 février 1918 que je pourrai monter à bord des *Antilles*, dont le chef mécanicien a été mon partenaire aux échecs sur le *Haïti*. La traversée aura des allures de promenade : trente-six heures suffisent pour atteindre le Venezuela.

Le Haïti, en rade de Pointe-à-Pitre, 1917.

Le jour du départ, les démarches administratives se multiplient. Dès huit heures du matin, je me rends à l'évêché afin de prendre congé de Mgr Paul Lequien et faire viser mon celebret, document émanant de l'autorité ecclésiastique m'autorisant à dire la messe en tout lieu. Puis je présente mon passeport à la gendarmerie. Alors que je croyais en avoir terminé, la Compagnie transatlantique me fait savoir que, pour débarquer à La Guaira, je devrai présenter, outre mon passeport, un certificat de bonne vie et mœurs et un certificat de vaccination. Le maire et le médecin chef de l'hôpital me délivrent les attestations nécessaires. Il ne me restera plus qu'à les faire viser par le consul du Venezuela, qui est en même temps l'agent de la Compagnie transatlantique.

À dix-sept heures, les amarres sont larguées. Le temps est gris ; des nuages bas, qui se résolvent en grains, masquent les hauteurs. Le cuirassé *Marseillaise,* arrivé la veille, salue de son pavillon le vapeur aux formes élégantes, mais funèbre sous sa toilette de guerre. En janvier, le croiseur, passant au large de la Désirade, a secouru les neuf passagers, en majorité des femmes, d'un canot à la dérive, parti de la Guadeloupe pour gagner la Désirade. Un coup de vent avait désemparé l'embarcation. L'un des passagers a été dévoré par un requin.

Les passagers des *Antilles* sont peu nombreux : cinq en première, dont un Vénézuélien, M. Pariente, et un Espagnol, M. Muratori, télégraphiste qui se rend à La Guaira pour entrer au Câble français. Un couple d'Italiens, négociants à Fort-de-France, gagne Colón pour affaires : M. Moretti est un alpiniste passionné, membre du Club alpin de Turin ; montagnes et glaciers sont au centre des conversations. À l'autre bout du monde, sur ce vapeur, je pourrais me croire en France. Le commissaire, Henri Villar, est originaire de Bordeaux ; son père est un ami de l'avoué Nancel-Pénard[8] et de la famille Arné que je connais bien. Le médecin est originaire de Luz dans les Hautes-Pyrénées.

La houle vient par tribord arrière, le navire roule. Il file douze nœuds et parvient à La Guaira au cœur de la nuit. De bon matin, nous nous soumettons aux contrôles sanitaires et de police. Me laissera-t-on descendre ? Oui, mes papiers sont en règle. Le petit train du quai me débarque près de la douane. Comme je suis en compagnie de M. Pariente, que le sous-directeur de la douane reconnaît, de simples coups de craie seront apposés sur les sacs et les malles sans qu'ils soient

---

[8] Son fils, le docteur Charles Nancel-Pénard, sera fusillé comme otage le 24 octobre 1941 au camp militaire de Souge, en Gironde. Le préfet en personne lui avait demandé de renier ses engagements pour avoir la vie sauve. Il n'obtint qu'un refus.

ouverts. C'est ainsi que, le 23 février, une heure après avoir débarqué, je roule vers Caracas.

Le train court d'abord le long de la mer vers Maiquetía, puis l'ascension commence par des rampes qui zigzaguent à travers des pentes poudreuses et ravinées : un désert où des cactus ébouriffent leurs cierges épineux. C'est plus impressionnant que le tramway pyrénéen de Cauterets ! Alors qu'il y a à peine neuf kilomètres en ligne droite de La Guaira à Caracas, la voie ferrée est longue de quarante kilomètres pour vaincre la raideur des pentes. À Caracas, je loge au collège français, fondé en 1903 par les pères de Chavagnes. La chambre est vaste, le lit étroit comme à Bogotá. Un hamac est suspendu en travers de la pièce.

À peine arrivé, je sacrifie aux visites obligées. Dans l'après-midi, je rencontre le vicaire général qui se présente avec des parements de dentelle blanche par-dessus les manches de sa douillette. J'étais prévenu, cependant que penser de cette coquetterie ecclésiastique qui sert à distinguer dans la rue les chanoines d'avec le *vulgum pecus* ? Il me reçoit très aimablement, ainsi que le secrétaire de la nonciature, Mgr Placido Gobbini. Dans la soirée, M. Fabre, ministre de France, vient me saluer.

À Caracas, le soleil brûle moins et tout paraît joyeux. Les voies sont, comme les trottoirs, en ciment ; les façades sont peintes de couleurs claires. Des fenêtres immenses, très basses, permettent de voir, dans chaque maison, la pièce la plus luxueuse : le salon. Le soir venu, femmes et jeunes filles s'accoudent au balcon derrière les grilles qui peuvent arrêter les voleurs, mais non les baisers. Les murs des patios sont souvent décorés de fresques ou de mosaïques, en leur centre une fontaine est entourée de fleurs. Trois montagnes dominent la ville au nord, et masquent l'horizon vers la mer : l'Ávila, la Silla de Caracas et le Naiguatá qui s'élève à 2 764 mètres. Un chemin pavé datant des Espagnols escalade la montagne pour franchir le col de l'Ávila et redescendre à La Guaira.

Chargé par le ministère des Affaires étrangères d'un rapport sur les établissements d'enseignement fondés par les religieux français, je visite, dès le lendemain matin, l'externat des Sœurs de Saint-Joseph de Tarbes, installé au cœur de la ville ; le soir, je me rends au grand collège du Paradis, *El Paraiso*, situé dans le quartier des villas, au pied d'une colline. C'est un établissement somptueux, au milieu d'orangers qui embaument l'air. On me montre tout, depuis le salon de peinture qui est l'orgueil de toutes les maisons d'éducation, jusqu'aux armoires des pensionnaires qui sont alors en récréation et parlent le français avec un petit accent du midi !

Le patio d'une maison à Caracas, février 1917.

Ce même jour, après le dîner, le supérieur, M. Honoré, me propose d'assister à une séance de cinéma populaire où sont annoncées des vues de la guerre : c'est, en dehors de la ville, sur le bord d'un ravin où coule un ruisseau malodorant, un petit théâtre installé dans une cour, dirigé par un ecclésiastique qui se dévoue pour ce quartier abandonné. Les films montrent de grandes manœuvres, avant la guerre : on voit Poincaré avec Barthou, et dans une revue militaire Guillaume II à côté du tsar Nicolas.

Les journaux du lundi 25 février 1918 annoncent mon arrivée et la conférence projetée. Mais pourra-t-elle avoir lieu ? Le président de l'Alliance française, M. Cadré, objecte qu'il dispose de bien peu de temps pour organiser une réunion. Il promet cependant son aide. Avant tout, il faut obtenir l'autorisation du gouvernement, c'est-à-dire du président Gómez.

Or, d'après ce que l'on me rapporte, le Venezuela tout entier tremble sous la férule de ce personnage énergique, compagnon d'aventure du dictateur Castro. Ayant pris le pouvoir, il a eu l'adresse de s'y maintenir après avoir empêché Castro de revenir d'Europe. Les complots tramés contre lui ont toujours été découverts à temps et les conspirateurs si bien mis sous clef qu'on dit communément de ceux qui entrent en prison qu'ils n'en sortiront que pour le cimetière.

D'autre part, sa fortune, qu'on dit énorme, est en grande partie dans les banques allemandes : il ne fait donc rien qui puisse leur déplaire. Pourtant c'est lui qui a repris les relations diplomatiques avec la France. Actuellement, puisque sa période de présidence est achevée, il a fait accepter un président « provisoire » (c'est son titre). Mais derrière cet homme de paille, c'est lui qui dirige le pays ; et il est d'autant plus redouté qu'il est resté le chef de l'armée, qu'un de ses frères dirige la police et l'autre le district fédéral. Les anecdotes fourmillent sur ce personnage peu banal, notamment celle qui parle de ses hésitations au moment où Castro voulait l'entraîner vers la grande aventure de conquérir le pouvoir. Gómez était alors propriétaire d'un ranch et aurait objecté : « Et mes vaches ? » Et Castro de répondre : « La meilleure vache, c'est la République. »

Je ne pourrai rien faire sans son autorisation. Aussi, escorté du père Honoré, je me rends dans les bureaux du ministre de l'Intérieur afin de m'entretenir avec son secrétaire. Quels bureaux ! Le désordre et la poussière règnent, des papiers, des documents jonchent le sol, les chaises, qu'on nous offre, sont défoncées. Le secrétaire général finit par nous recevoir dans un bureau digne de ce nom, orné de tapisseries et du portrait du président Gómez. Il nous explique, fort aimablement, qu'il ne peut assumer une telle responsabilité : il doit faire une demande écrite, détailler le but poursuivi et le sujet traité. Ensuite, seulement, il sera possible de demander son avis au président…

De son côté, le ministre de France n'est pas resté inactif et il m'annonce que le président de la Société des théâtres et cinémas, M. Brache, met à ma disposition la salle de mon choix, sans autres frais à régler que la lumière et le service de la salle. Le Teatro Nacional est retenu. Mais rien ne peut se concrétiser sans l'autorisation demandée.

En attendant, je rencontre les directeurs de plusieurs journaux : *La Religion, El Universal, El Diaro Nuevo,* ce dernier étant certainement le plus francophile. Je me rends à Macuto, ville fondée en 1740 à l'emplacement d'un village indien, et loge dans un hôtel de première classe tenu par des Allemands, *La Alemania*. Le gouvernement, germanophile, ne met aucun empressement à autoriser mes conférences. Elles n'auront pas lieu, mais ce voyage, somme toute, n'est pas inutile car j'ai réalisé des enquêtes intéressantes.

Le 10 mars 1918, me voici de retour à Fort-de-France. J'accompagne Mgr Bouyer, qui ne peut se rétablir de l'attaque subie l'année précédente, même en se reposant dans une villa merveilleusement située, qui jouit d'un horizon immense : à l'est, l'Atlantique ; à l'ouest, la mer des Antilles ; au sud, la baie de Fort-de-France et la plaine du Laurentin ; au nord, le massif des pitons du Carbet qui dressent leurs pointes contre le ciel. Dans le jardin, des fleurs, des palmiers, des caféiers, des arbres à pain. C'est dans ce cadre idéal que je rédige les renseignements recueillis au Venezuela sur les œuvres que j'ai pu observer. Et je finalise le discours que Mgr Bouyer m'a demandé de prononcer lors de la grande fête belge qui aura lieu le jour des Rameaux.

Huit jours plus tard, je suis invité à dîner chez deux amis avec qui j'ai couru les Pyrénées. Pierre Arné, actuellement médecin inspecteur des troupes de l'île, et son épouse Cécile, l'une des filles du comte Aymar de Saint-Saud, pyrénéiste et cartographe. Nous évoquons les Pyrénées et nos courses à ski, en 1907, à une époque où les skieurs se comptaient sur les doigts des deux mains. Nous nous souvenons des campements au lac d'Ayous, dix ans auparavant. Des photographies ont immortalisé les jeunes demoiselles de Saint-Saud faisant la vaisselle dans un ruisseau, ou aidant à tirer les filets jetés dans le lac pour pêcher des truites. Mais nous parlons surtout des événements qui agitent l'île.

La police de la Martinique a arrêté plusieurs sorciers, sans que l'on ait encore pu prouver qu'ils sont responsables de deux sinistres qui ont eu lieu avant mon départ pour le Venezuela. Le mardi 29 janvier 1918, la fête donnée en l'honneur de l'abbé Soubie[9] regroupe au presbytère plusieurs de ses amis. M. Barria[10], nouveau curé de la paroisse du Marigot, insiste pour que j'aille passer chez lui une semaine ou deux. Pourquoi pas, mais je ne veux pas partir avant l'arrivée du *Pérou* car j'attends du courrier important. Je résiste donc aux amicales invitations de M. Barria. Pourtant quand il nous quitte, le jeudi soir, je ne veux pas le contrister par un refus : si je le peux, j'irai lui rendre visite très prochainement. Ce délai m'a peut-être sauvé la vie !

J'irai à Marigot, le mardi 5 février, mais pour accompagner au cimetière quelques ossements carbonisés : ce qu'on a retrouvé de l'abbé Barria dans les décombres de son presbytère incendié dans la nuit de dimanche à lundi ! Vers

---

[9] Mgr Soubie est né à Luz-Saint-Sauveur (Hautes-Pyrénées), en 1888. Il sera pendant 20 ans curé de la paroisse du Lamentin et fera construire l'oratoire Notre-Dame de la Miséricorde.
[10] En 1910, l'abbé Joachim Barria crée, à Fort-de-France, l'école Maîtrise de la cathédrale. En 1917, il est nommé curé de Marigot.

trois heures du matin, la ménagère du presbytère est réveillée par un bruit de vitres éclatant sous l'effet de la chaleur. Intriguée, elle se lève, sort des dépendances où elle loge, et s'aperçoit que la chambre du curé est la proie des flammes. Elle se précipite à l'intérieur du presbytère, monte au premier étage, entrouvre la chambre, appelle en vain M. Barria. Elle n'a que le temps de se sauver avant que le premier étage ne s'effondre.

Accident ou crime ? Coïncidence étrange : M. Guillemot, le curé du Robert, commune située sur la côte atlantique, à 20 km de Fort-de-France, est mort au mois de novembre dans des conditions absolument identiques : dans la nuit du dimanche au lundi, vers trois heures du matin, un incendie terrible éclate dans la maison. Réveillé par les cris de quelques voisins, le vicaire, M. Laverton, essaie vainement d'ouvrir la porte de la chambre de M. Guillemot. Pour se sauver, il saute du premier étage.

Du malheureux curé, un colosse pourtant, on ne retrouva que quelques os calcinés. Au Marigot comme au Robert rien n'a été volé. Serait-on en présence de crimes perpétrés par un maniaque ou s'agit-il de meurtres rituels ? La Martinique est par excellence le pays des superstitions, des *quimbois*, de la sorcellerie. Une spirite de la rue Lamartine, à Fort-de-France, a déclaré avoir évoqué l'esprit de M. Guillemot qui aurait dit que deux autres prêtres seraient brûlés comme lui, et que c'était une condition pour que cesse la guerre ! Une telle déclaration a-t-elle excité quelque fanatique ? La justice semble disposée, cette fois-ci, à considérer qu'il puisse s'agir d'actes criminels.

Dans le même temps, le pyrénéiste et cartographe Alphonse Meillon m'écrit depuis la capitale béarnaise :

« Pau, le 11 mars 1918

« Mon cher ami,

« J'apprends par mon frère Alfred que le Touring-Club de France a reçu de très bonnes nouvelles de vous et qu'il est très satisfait de votre entreprise et des résultats que vous obtenez. Quelques échos sont parvenus à Pau où je me suis empressé de les communiquer à nos amis du syndicat d'initiative et au maire, que ces questions intéressent toujours. Le docteur Tissié[11], de son côté, a transmis quelques détails et a dû vous écrire.

« À Pau, grande affluence cet hiver et temps merveilleux, les Pyrénées sont plus belles que jamais et chaque matin je rêve un instant en les admirant et en me reportant aux bons moments passés sur ces sommets amis : Moun Né, Grum, Barbat et toute la haute compagnie. Quand donc vous y retrouverons-nous ?

« Comme je vous l'ai déjà écrit, j'ai envoyé tous mes documents topographiques à M. H. Vallot[12]. Il s'occupe de l'examen de tous ces travaux et je pense que, d'ici à un mois ou deux, je serai en possession de son rapport et de son avis. Si donc, comme je l'espère, tout est utilisable, je compte bien poursuivre l'exécution de mon travail cartographique si les indications, que M. H. Vallot va m'établir, peuvent concorder avec l'effort financier possible des moments critiques que nous traversons.

« Ceci m'amène à vous dire qu'à votre retour en juillet, si vos occupations vous le permettent, nous pourrons peut-être combiner une campagne topographique complémentaire, pour fournir à M. Vallot les éléments utiles qu'il réclamera sûrement, car d'ores et déjà j'ai préparé sur ses indications toujours si précises un programme de travail d'été qui pourrait bien nécessiter trois ou quatre expéditions de plusieurs jours. »

Comment oublier les Pyrénées ? Elles se rappellent sans cesse à moi. Mais je ne serai pas de retour en juillet.

---

[11] Philippe Tissié (1852-1935), aliéniste, est un des premiers neuropsychiatres français. Hygiéniste, il fonde la Ligue d'éducation physique.
[12] Henri Vallot (1853-1922) : ingénieur des Arts et Manufactures, topographe alpin.

Le 30 mars, je quitte la Martinique : je suis attendu au Chili. J'embarque pour Colón à bord de l'*Amiral Ponty*, paquebot mixte construit par les Chantiers de la Loire et lancé à Saint-Nazaire en 1904. Une fois de plus, les passagers ne sont guère nombreux : un couple de Vénézuéliens qui a manqué à La Barbade le courrier pour Buenos Aires et qui, revenus à Fort-de-France, a décidé de passer par Colón et le Chili. Et un lieutenant envoyé à Talcahuano, dans la région du Biobío, pour prendre la direction d'une maison de commerce.

Les amarres sont larguées. Le navire manœuvre lentement car le paquebot *Abd-El-Kader* obstrue l'entrée de la darse. À 17 heures, le filet qui ferme le port est franchi ; le *Pérou*, mouillé en rade depuis la veille, évolue à son tour pour venir prendre à quai la place de l'*Amiral Ponty*. Le soleil rosit les nuages qui coiffent les pitons du Carbet. La montagne Pelée se révèle par la longue arête qui monte du Prêcheur. Le navire tourne la poupe au vent d'est. La cloche du dîner appelle les quatre passagers. Nous dînons d'une garbure exquise dans le fumoir, en compagnie du médecin et du commandant Giraud, cité à l'ordre du régiment quelques mois plus tôt pour avoir, le 29 avril 1917, par une riposte rapide, forcé le sous-marin ennemi, qui avait déjà lancé trois obus dont un passé entre la cheminée et la misaine était tombé à cent mètres sur tribord, à abandonner la poursuite. Dans la nuit, brille la Croix du Sud. Les domestiques annamites couchent sur le pont, le torse nu, les jambes enroulées dans leur large culotte de soie noire.

Le lendemain, dimanche de Pâques, le temps se maintient au beau, avec vent arrière, mais l'*Amiral Ponty* est si penché sur bâbord que les passagers ne peuvent guère se promener qu'à tribord. Des poissons s'envolent en bandes comme des moineaux aux vendanges. Les argonautes nous frôlent, voguant sous l'impulsion de leur voile violette. Quelques marsouins jouent à proximité du navire. Dans la nuit, la chatte du bord met bas. Heureux augure, d'après les vieilles traditions de la marine !

Pour la première fois, le 2 avril, le communiqué se tait : aucune nouvelle n'a été donnée à la presse et les passagers pensent que c'est bon signe, après l'avancée française à Noyon et la résistance des Anglais sur la Somme. Deux ans plus tôt, en pleine fièvre de l'assaut contre Verdun, je voyageais aussi vers le Chili. Lors de mon départ, on m'avait demandé d'y revenir pour célébrer la victoire. Sortira-t-elle enfin de la lutte gigantesque qui a débuté par le recul des Alliés ?

Le commandant nous prévient que nous verrons bientôt le cap de la Aguja. Mais l'horizon est trop vaporeux, trop embué. Les officiers distinguent à peine au télescope les cimes. La mer a des tons d'étain. Le bateau roule. Un phare à feux tournants, blanc et rouge, révèle la pointe Manzanilla. Mais il faut attendre le jour pour entrer à Colón. C'est une ville toute jeune, fondée en 1850 au terminus du chemin de fer du Panama alors en construction : vaste projet destiné à relier les océans Atlantique et Pacifique.

Toute la nuit, l'*Amiral Ponty* fait des ronds dans l'eau. Le 4 avril, nous apercevons la station radiotélégraphique de Colón et le long brise-lames. Cinq vapeurs, immobiles, attendent, eux aussi, l'ouverture du port. Un torpilleur peint en bleu pâle vient les reconnaître successivement. Quand il tourne autour de l'*Amiral Ponty*, à portée de voix, je distingue non seulement l'équipage bien débraillé, les officiers sans insignes et nu-tête, mais aussi l'armement du pont et une torpille dans le tube placé à l'arrière. Un rapide canot automobile conduit aussitôt le pilote, et le vapeur décrit des zigzags au milieu du champ de mines, tandis que les autres bateaux, rangés en file, suivent scrupuleusement la même trace. Le filet qui, la nuit, ferme l'entrée de l'avant-port, est tiré sur le côté, laissant la passe libre. Tandis que le navire s'apprête à mouiller en face des docks, deux sous-marins évoluent dans l'avant-port. L'un d'eux s'immerge rapidement, ne laissant paraître que son périscope. Puis il ressort aussi vite de l'eau. La rapidité de cette double manœuvre est impressionnante.

Les formalités ordinaires ont lieu sans la moindre difficulté. Pour la traversée de l'isthme, j'ai décidé de n'emporter qu'une cantine et de laisser tous les colis encombrants et suspects : films, photos, papiers, carabine, dans ma cabine fermée à clef. J'appréhende les investigations de la douane. C'est le premier pays en guerre que je traverse, et les autorités américaines ont des règlements si sévères que je redoute d'avoir des ennuis ou d'être retardé, si les douaniers examinent tous mes dossiers... Je n'ai pas tort d'être préoccupé !

Alors qu'un agent de la Royal Mail informe les passagers que le train pour Panama part à onze heures, la matinée s'écoule sans que nous ayons pu débarquer. À midi, nous apprenons que tous les bagages doivent être descendus. Les Américains n'admettent pas de passagers sur les navires affrétés par l'État. L'*Amiral Ponty* se dirigeant vers Taltal, dans la région d'Antofagasta, le consul de France me fait proposer d'embarquer, le lendemain matin, sur un navire de la Pacific Steam qui part pour Valparaíso.

La victoria, qui me conduit, ainsi qu'un permissionnaire pour le Pérou, vers le consulat de France, longe la rue principale de Colón. Un cloître court le long des maisons dont le rez-de-chaussée est occupé par des boutiques où se remarquent de nombreuses soieries chinoises, des tapis indiens, des bibelots. La voiture s'arrête près de la mer devant une de ces maisons grillées de toile métallique, qui semblent de vastes garde-manger.

Le consul nous attend. Souffre-t-il de la danse de Saint-Guy ? Il est sans cesse agité par des mouvements désordonnés qui lui font hausser les épaules, remuer les bras, les mains, la tête ; des tics, des frissons passent sur sa figure. Il ne peut pas, je m'y attendais, me donner de réquisition sur le bateau anglais. La formule du gouverneur de la Martinique n'est pas assez explicite. Il va me falloir rester à Colón, attendre je ne sais quels ordres, etc. Je l'interromps : je paierai mon voyage. Seule solution pour ne pas m'éterniser ici. Il suffit que le consul me remette une attestation prouvant que j'ai renoncé au bénéfice de la réquisition. Enchanté de cette solution qui lui épargne tout ennui, le consul se met en devoir de rédiger la note. Heureusement, le soldat qui se rend en permission au Pérou, plus exactement à Trujillo où son père exerce la profession de dentiste, a une réquisition en règle, de sorte qu'il ira au consulat d'Angleterre pour obtenir son passage gratuit... sur le pont.

    Toujours escorté par un agent de la Royal Mail, je réserve une cabine sur le paquebot *Chile* qui part le lendemain matin, à l'ouverture du port. Puis je me rends à la Commercial Bank pour changer 1 400 francs qui correspondent à 210 dollars : une perte de 15 %. Le voyage coûte 204 dollars. Comme il me reste une heure et demie à patienter avant de subir l'épreuve de la douane et que je meurs de soif, je m'attable dans un café tenu par des Chinois. Aucun ne parle espagnol, mais ils comprennent que je demande une bière. Le café n'est pas luxueux. Sur des tables rondes sont posés des théières en porcelaine de Chine et un pot de moutarde. Les murs sont blanchis à la chaux, ornés de réclames sous forme de gravures, comme celles que donnent en prime les magasins de confection ou les épiceries. À l'une des tables, un homme pauvrement vêtu mange une portion de viande et de riz. Dans un coin, un vieux Chinois lit un journal hiéroglyphique.

    À la douane, j'apprends qu'on a perdu mes bagages ! On ne sait même pas où est le remorqueur qui les a pris ! Après une longue attente dans un hangar où circulent des wagonnets électriques, après de multiples appels téléphoniques, arrive enfin le remorqueur qui transporte les bagages. L'agent de la Royal Mail donne l'ordre de débarquer les colis sur le quai et part en quête d'un inspecteur.

    Je monte à bord du *Chile*, un autre inspecteur examine mes papiers. Mauvaise nouvelle ! Il est défendu de transporter des lettres ou des notes manuscrites et j'en ai plusieurs kilos !

Risquant le tout pour le tout, je montre la lettre de présentation du ministère des Affaires étrangères et offre à l'inspecteur le texte de mes discours à Bogotá et à Fort-de-France. Miracle ! Nous voilà amis. Nous descendons sur le quai où se trouve l'autre inspecteur attendant les bagages. Les malles, arrivées sur des brouettes, sont déchargées sur le quai, en plein soleil, On me demande de défaire les cordes. Je commence par ouvrir les cantines qui ne contiennent rien de suspect, puis la valise qui renferme tous les documents ! Oh ! Ces papiers ! C'est ce qui préoccupe le plus l'inspecteur :

— Avez-vous des lettres particulières ?

— Oui, les voilà.

L'inspecteur ouvre le dossier, et découvre la lettre du ministre. Il la lit, puis remarque :

— Il n'y a pas de cachet. On ne sait pas en France qu'il faut un timbre, beaucoup de timbres, aussi larges que possible ?

Je comprends que le fonctionnaire est de bonne humeur et m'empresse de lui montrer mon passeport américain où l'inspecteur peut lire : *Send by the French Government,* ainsi que la lettre du ministre anglais de Bogotá pour son collègue de Panama. En même temps l'autre inspecteur vient à la rescousse et montre les discours.

— *All right! Well!*

Et les voilà tous deux griffonnant à la craie des cryptogrammes sur les malles qu'ils font reficeler sans les examiner davantage. Même si les Américains ont raison d'exercer une telle surveillance, j'appréhendais, avec juste raison, le passage de la douane. Je suis tranquille jusqu'à Valparaíso. Cependant j'envisage de me faire escorter par quelque lazariste à mon arrivée.

Le 5 avril, le vapeur *Atenas* appareille à six heures ; dix minutes plus tard, c'est au tour du *Chile*. La matinée est calme, de légers nuages mauves et roses passent dans le ciel magnifiquement bleu. Le soleil n'est pas encore levé derrière les hauteurs qui dominent Colón. Je m'apprête à emprunter le tout nouveau canal de Panama, ouvert en 1914. Œuvre titanesque ! On estime à 25 000 le nombre d'ouvriers qui périrent lors de sa construction.

    Le *Chile* longe l'*Amiral Ponty* qui doit se redresser avant de passer les écluses. Il n'a toujours pas équilibré ses *water-ballasts* et penche à bâbord. Le *Chile* s'engage : le canal a l'aspect d'une rivière bordée d'arbres. Le vapeur qui nous précède disparaît dans la verdure.

    Le canal n'a guère que soixante-dix à quatre-vingts mètres de large. De chaque côté, la forêt ; mais une forêt que l'on a défrichée et qui repousse vigoureusement. De grands arbres se dressent sur les coteaux. Une grue cendrée vole d'arbre en arbre. Dans la verdure se distinguent des cabanes, des installations abandonnées, d'anciennes cahutes d'ouvriers. Une barrière s'élève, un énorme escalier gris : ce sont les écluses de Gatún. Ma première ascension en transatlantique ! Les écluses haussent les navires de 25,9 mètres depuis le niveau de la mer jusqu'au canal de Panama.

    Sur la rive est, la bourgade de Gatún escalade la colline, avec ses maisons de bois régulières, peintes en gris, couvertes de toits noirs, toutes parallèles. On dirait une ville de charbonniers. Où sont les jolies couleurs des maisons de la Martinique, de Caracas et de Barranquilla ? Le *Chile* entre dans la première écluse à sept heures. Un paquebot anglais, le *Salvador,* y est déjà installé. À sept heures vingt, la porte de l'écluse est fermée derrière le *Chile*. Huit locomotives électriques (quatre pour chaque bateau) sont arrivées en même temps, descendant par des rails à crémaillère les rampes très raides qui mènent d'un étage à l'autre. Des câbles sont lancés par chacune d'elles pour amarrer les navires à l'avant et à l'arrière, de chaque côté, afin de les immobiliser au milieu de l'écluse, et de les remorquer dans les biefs quand les écluses ne sont pas contiguës ; comme les chevaux halent les péniches sur les canaux de France.

    À sept heures trente-cinq, nous entrons dans la deuxième écluse qui se referme sept minutes plus tard. Nous pénétrons dans la troisième écluse à sept heures cinquante-cinq. Elle est fermée à huit heures cinq. Un quart d'heure après, les navires entrent dans le lac de Gatún.

L'ascension a duré une heure vingt. Dans les écluses le mouvement ascensionnel de l'eau est si rapide qu'on le ressent comme dans un ascenseur. Des soldats, le feutre en bataille, la carabine sur l'épaule, surveillent le canal. Je n'ose pas photographier la traversée des écluses. Et pourtant j'aurais aimé prendre une vue des locomotrices dans leurs curieuses positions d'équilibre, en travers des rampes inclinées. Je me contente de dessiner. Tous les travaux de maçonnerie sont en ciment armé. Les poteaux électriques ressemblent à des hommes n'ayant qu'un seul bras, tendu pour montrer un soulier !

Sur le lac de Gatún, encadré de forêts, le bateau passe entre des îles et des îlots. De nombreux arbres ont été submergés et dressent au-dessus de l'eau leur ramure morte. Le canal est balisé entre ces forêts inondées. Des hauteurs boisées ferment l'horizon de toutes parts. Vers dix heures, le *Chile* traverse un labyrinthe d'îlots au milieu desquels émergent les hautes perches d'un grand poste de télégraphie sans fil. Plus loin, les coteaux sont dévastés par un incendie qui flambe encore : seuls quelques palmiers ont résisté au feu et balaient le ciel de leurs palmes roussies. De-ci de-là, des amers peints en blanc émergent de la verdure pour indiquer les directions à prendre pendant la traversée. À la demie de dix heures, le navire atteint le confluent du río Chagres. Une station importante avec une machinerie énorme fournit 40 000 volts. Les maisons sont banales, régulières, enveloppées de toile métallique. Le canal, désormais creusé dans le rocher, devient étroit : c'est la Culebra, une tranchée entre des parois qui deviennent de plus en plus élevées. Quelques pentes meubles présentent des traces de glissement. En haut des talus, apparaissent des villages.

Le paquebot longe un grand mamelon rouge, à demi éboulé, le Golden Hill, point culminant de la Culebra. En face, sur la rive nord, les pentes formées d'éboulis sans cohésion sont dans un état de bouleversement impressionnant. Des affouilleuses hydrauliques y travaillent. Le sol, attaqué par un jet d'eau puissant, se transforme en boue qui ruisselle jusqu'au canal où des dragueuses l'embarquent. Le bateau avance lentement. Le temps est chaud, très orageux (30° à l'ombre) et je suis surpris d'apercevoir sur le terre-plein d'une écluse des Américains jouant à la paume, nu-tête, en plein soleil ! Plus loin, des grues géantes dominent un immense chantier. Un pont flottant tourne, après notre passage, pour permettre à un train stoppé sur la rive nord de traverser le canal. Quelques centaines de mètres encore et le navire entre dans l'écluse de Pedro Miguel.

Cette fois, nous allons descendre. Mes notes sont précises : « 11 h 30 : entrée dans l'écluse ; 11 h 45 : fermeture des portes ; 11 h 54 : ouverture des portes. Encore quelques centaines de mètres dans un bief, et nous sommes aux écluses de Miraflores, les dernières : 12 h 21, fermeture de l'écluse ; 12 h 32, ouverture de la deuxième écluse ; 12 h 40, fermeture de la deuxième écluse ; 12 h 48, ouverture des dernières portes. » Le paquebot, entraîné par le puissant courant de l'écluse qu'on vient d'ouvrir, heurte violemment par la joue de tribord puis, par l'arrière, les madriers qui rembourrent le môle de la rive nord. Aucune avarie n'est à déplorer. Le canal s'élargit entre des monticules ; nous apercevons les élévateurs de charbon. 13 h 15 : nous nous amarrons devant les grands hangars de Balboa.

Dans ce port situé à l'extrémité sud du canal de Panama, le *Chile* embarque des passagers et des marchandises. Trois heures plus tard, il lève l'ancre. Des frégates aux grandes ailes, les unes à tête blanche, les autres à tête noire, sillonnent le ciel. Le Pacifique apparaît, encadré d'îles estompées en bleu dans la buée de l'air. Au fond d'une baie, dominée par les deux tours de la cathédrale, Panama paraît. Des collines boisées sont la proie des flammes. Le bateau est séparé de la ville par une digue qui unit des rochers fortifiés : l'un d'eux porte un pittoresque campement de tentes militaires. Après un dernier rocher tabulaire sur lequel se dresse un phare, le navire sort du chenal, escorté par des pélicans et des cormorans.

L'océan Pacifique ouvre la route vers Guayaquil. À l'abri de hautes montagnes, dans un ciel fuligineux, rayé de grandes bandes rouges qui se reflètent dans la mer, le soleil se couche. Le bateau glisse devant la dernière île ; un phare lui adresse l'ultime adieu de l'Amérique du Nord. Le *Chile* traverse l'archipel des Perles, filant 12 nœuds. Bientôt, la Croix du Sud surgit à l'horizon, tandis que l'étoile Polaire baisse avant de disparaître. Sur l'océan désert, mer d'huile aux reflets de nacre, je m'attarde à observer des poissons volants qui s'enfuient en laissant traîner leur queue, comme un avion qui prend son essor. Un oiseau blanc, à bec jaune, perché sur un morceau de bois, nous regarde passer.

Quel contraste entre ce bateau clair et propre, glissant joyeusement sur ces flots lumineux, et nos navires de l'Atlantique, masqués, maquillés par des bariolages de cubiste en délire, naviguant dans la nuit, tous feux éteints, avec leurs canons prêts à cracher la mort sur les pirates embusqués sous les eaux ; nos navires défigurés, marqués par quatre années de guerre, avec leurs officiers décorés et les rescapés des torpillages... Ici la paix, là-bas la guerre !

Le 8 avril 1918, le *Chile* franchit la ligne de l'équateur. Nous voici dans l'hémisphère Sud. Des raies dansent. Elles se soulèvent, sautent à près d'un mètre de hauteur, en battant des nageoires comme un oiseau qui essaie ses ailes, se maintiennent un instant en l'air et retombent dans un clapotis.

La Puntilla de Santa Elena se dresse avec la régularité d'une butte de tir à l'extrémité d'un long banc de sable au bord duquel se devinent quelques maisons et les deux pylônes d'une station de T.S.F. Voici la baie de Santa Elena et le village de Ballenita. Pas un arbre. Du sable. Dakar semble une oasis à côté, et Le Chapus, en Charente-Maritime, une ville. De pauvres maisons cuisent dans le sable à 2 degrés de l'équateur !

C'est la station balnéaire de Guayaquil. Cela vaut bien un dessin !

Dessin de Ludovic Gaurier, raies sautant, 8 avril 1918.

Une dizaine de pirogues lourdes et sans élégance viennent vers nous. Une trentaine de passagers envahissent le pont dans une cohue bruyante. Après une escale de deux heures de temps, le navire contourne la pointe pour entrer dans le vaste golfe de Guayaquil, longe les falaises peu élevées qui constituent ce cap, puis les ondulations du terrain reprennent, donnant l'impression qu'il s'agit de hautes terres isolées. Le paquebot traverse en diagonale le grand golfe en direction d'Isla Puná, encore invisible. Un passager me rapporte qu'on a signalé un croiseur allemand dans le Pacifique, au sud de l'Équateur. C'est peu vraisemblable, mais tout est possible... Ce ne serait pas banal d'être coulé ou capturé ici !

Le golfe se rétrécit. Nous voyons le phare de l'île del Morro, au sud. Puis d'autres feux tout proches paraissent à droite et à gauche quand le bateau s'approche de l'embouchure du río Guayas. Guayaquil est, paraît-il, l'un des endroits les plus chauds du monde ! Au milieu de la nuit, un grondement de tonnerre me réveille : l'ancre descend dans le fleuve. Ma cabine est située près du treuil de la chaîne d'ancre, tout tremble quand il tourne lourdement.

Dès le lever du jour, le navire appareille, passe entre des îles basses, boisées. Des voiliers descendent vers la mer. À un tournant du fleuve, au pied de collines, Guayaquil apparaît. La ville présente les clochetons des églises espagnoles d'Amérique. Comme à Colón, des galeries longent les maisons. De vastes pâturages occupent la rive gauche. Tout le jour sont embarqués des bananes et des sacs d'écorces d'arbres. Le soir montent à bord le supérieur général des dominicains, le père Theissling, hollandais, avec deux autres pères en civil ; l'un hollandais aussi, l'autre américain ; tous trois fumeurs enragés. Ils font le tour du monde pour visiter leurs maisons.

Je suis invité à boire un cocktail soigné dans la cabine du commissaire, M. Williams, en compagnie de M. Turgoose, commandant en second, et d'un Anglais qui revient de guerroyer dans l'Afrique orientale allemande. Le lendemain matin, intrigué, je demande au garçon de cabine pourquoi il colle du papier sur le trou des serrures : Guayaquil est un foyer de fièvre jaune, il faut se protéger des moustiques.

Le 10 avril, le navire descend le fleuve, mouille une heure et demie plus tard pour attendre la marée afin de ne pas heurter des bancs de vase. Dès que le *Chile* appareille, sous la direction du médecin, des fumigations de soufre sont pratiquées dans toutes les cabines et sur le pont afin de détruire les moustiques. Les passagers embarqués la veille doivent se soumettre à un test de température pour surveiller les cas possibles de fièvre.

En milieu d'après-midi, aux abords de Puná, le pilote nous quitte, cependant qu'un cachalot pêche tranquillement près du bateau. Son dos orné d'une nageoire triangulaire émerge par moments et l'on distingue nettement deux jets d'eau quand il souffle. Dans cet estuaire, les courants contraires venant de la mer et du fleuve alignent les bois flottés en longues traînées comme les moraines médianes au confluent des glaciers. Au crépuscule, le vapeur glisse sur des moires jaunes et bleues, reflets des teintes du couchant. Le fleuve fuit à perte de vue sous un ciel bleu foncé dans lequel se détachent en broderies mouvantes les ailes blanches d'un vol de mouettes. Un pélican attardé regagne la côte en rasant l'eau calme. Longtemps après que le soleil a disparu, de longues bandes d'or et de pourpre strient encore le ciel clair de l'ouest. Le phare de l'île Santa Clara balaie la nuit.

Le lendemain, le soleil se lève derrière la terre toute proche, et cette terre, c'est le Pérou ! La mer est légèrement agitée sous l'influence d'un vent frais qui vient du sud. Nous longeons la côte peu élevée, voire plate, qui borde le désert de Tumbez, avant d'entrer dans la vaste baie de Paita, encerclée par de hautes falaises de sable jaune qui s'éboulent. Elle est fermée à l'est par de faibles élévations et au sud par une petite montagne, la Silla de Paita (396 m) qui forme le cap de même nom. Il fait si frais que les officiers ont revêtu l'uniforme de drap bleu. Cette fraîcheur qui deviendra de plus en plus vive pendant notre descente vers le sud est due au courant froid de Humboldt qui longe toute la côte en venant des régions polaires antarctiques.

Un vaste plateau domine la mer. Pas un arbre, pas une plante. Rien de vivant. C'est la splendeur du règne minéral sous un soleil éblouissant : l'Arabie, le Sinaï ! Il ne pleut jamais sur cette côte du Pacifique. On distingue quelques maisons aux toits gris, poussiéreux, bâties au pied de la falaise. La Silla est isolée derrière le plateau qui lui sert de socle. Nous jetons l'ancre loin de la côte.

Nous sommes au Pérou, le capitaine du port me salue en français. Des radeaux maniés avec une pagaie, ou munis d'un mât et d'une voile, évoluent autour du bateau. Un vapeur chilien charge des sacs de graines de coton, destinées à produire de l'huile. L'intérieur du pays, du côté de Piura, est irrigué, relativement fertile : on y cultive le cotonnier.

Cinq heures plus tard, le *Chile* repart en contournant le cap formé par des schistes inclinés en grandes dalles qui s'émiettent. Puis il suit une côte monotone de falaises de sable jaune. Le vent du sud est fort, la mer agitée. Eten est un village installé au pied d'une montagne analogue à celle de Paita. Un môle s'avance assez loin en mer, portant un chemin de fer et des grues. Le village domine une immense plage contre laquelle déferle une lame très forte ce matin-là. Quelques barques se balancent au bout de leur câble d'amarrage, la houle entre librement dans cette rade ouverte. Des plongeons pêchent, tombent comme des pierres dans l'eau qu'ils font rejaillir. Le vapeur chilien *Limary*, qui n'est parti de Colón que le 7, mais qui n'a pas fait l'escale de Guayaquil, dépasse le *Chile* qui s'apprête à embarquer 8 000 sacs de sucre, ce qui vaudra aux passagers le plaisir de se balancer tout le jour sur les ancres ; car le vapeur ne peut, à cause de la barre et du manque de fond, aller s'amarrer au wharf. Le service se fait donc, comme dans tous les ports de cette côte, par de grands chalands qu'un petit remorqueur à pétrole tire lentement.

Les passagers subissent le sort des marchandises. On les hisse à bord au moyen d'un mât de charge. Le treuil remonte une cage de bois installée dans un berceau de fer, où quatre personnes peuvent prendre place. La boîte cogne sur les flancs du paquebot qui roule, mais les ascensionnistes se tiennent solidement et arrivent enfin sur le pont. Ce qui fait frémir, c'est de voir descendre par la corde les arrimeurs qui ont fini leur besogne à bord : au moindre faux mouvement, à la moindre secousse qui leur ferait lâcher prise, ils seraient broyés entre le lourd chaland et la muraille du navire qui se heurtent sans cesse sous l'action des vagues. La journée se passe à entendre gronder les treuils qui embarquent les sacs de sucre cristallisé. Le *Limary* en fait autant : il se balance en engouffrant des tonnes de sucre. Des mouettes criardes se disputent ce qui tombe du bord. Alors qu'il fait déjà nuit, des bœufs et des vaches sont encore embarqués. On les hisse à bord au moyen de sangles, on les installe sur le pont inférieur ; des émanations d'étable parfument les cabines.

  Le lendemain, le navire longe la côte : un désert de sable d'où émergent des collines arides, hautes de 300 à 400 mètres. Sable et rocher, du gris et du jaune ; cette solitude serait affreuse sans le soleil qui fait miroiter le paysage dans une buée vaporeuse. On aperçoit Monte Seco, bien nommé ! Un peu de verdure dans un bas-fond révèle Lagunitas et les quelques maisons de Pacasmayo apparaissent, taches blanches sur la falaise ocreuse. Par-derrière s'estompent des montagnes.

  En fin d'après-midi, le vapeur mouille dans une rade foraine, lieu d'ancrage ouvert à tous les vents de la mer. Un petit cap brise l'élan des vagues et le bateau danse un peu moins qu'à Eten. Puis ce sera le port de Salaverry ; là encore, un appontement permet au train d'arriver jusqu'au-dessus des chalands, mais les grands bateaux doivent rester en rade.

  Quand le *Chile* reprend la mer, la montagne de Salaverry baigne dans une lumière semblable à cette gaze lumineuse que j'ai contemplée à Gavarnie, un matin de Pâques, en redescendant du Vignemale. Cette luminosité est-elle due à la réverbération des rayons solaires par la neige dans les Pyrénées, ici par le sable ? De grandes dalles brillantes descendent du sommet jusqu'à la base de la montagne. La côte se continue par une énorme butte de sable d'or, haute d'une trentaine de mètres, qui descend doucement vers l'eau bleue frangée d'écume. Les îles Guañape sont des écueils de couleur jaune. Le plus élevé est un bloc dressé verticalement sur la mer. Déjà se devine la Cordillère bleue.

  L'ancre est jetée en rade du principal port de pêche et de commerce du Pérou, Callao. Nous sommes enveloppés par un nuage de cormorans. Il en passe des centaines ! En fin de journée, nous appareillons par un brouillard si dense que nous ne distinguons plus les bateaux amarrés près de nous. La sirène hurle. Puis voici Arica, blottie au pied du rocher, et son fameux Morro ; Iquique, bâtie sur une langue de terre qui s'avance dans la mer. La houle balance des bateaux allemands sur leurs chaînes rouillées. Une bouée marque la place où, le 21 mai 1879, lors de la guerre qui opposa le Chili au Pérou et à la Bolivie, fut coulée l'*Esmeralda*, commandée par le capitaine Arturo Prat. Des phoques argentés dressent leur museau au-dessus de l'eau.

Nous faisons encore halte à Antofagasta, cité industrielle avec ses hangars, ses réservoirs d'eau potable et de pétrole, ses fumées d'usines et de locomotives. Alors que nous voguons vers Coquimbo, le soleil lance un rayon vert avant de disparaître. La Croix du Sud est déjà au tiers de la hauteur du ciel, et la Grande Ourse baigne ses pieds dans l'océan. Le lendemain, nous apercevons un vapeur échoué près de la côte. Il fait des évolutions désespérées pour s'arracher au banc de sable ou de rochers qui le retient. Le 25 avril, le *Chile* mouille devant Valparaiso. Je rejoins la résidence des Lazaristes. Cinq jours plus tard, après deux ans d'absence, me voici de retour à Santiago. La France s'apprête à y nommer André Gilbert, grand serviteur de l'État, pétri de culture classique, au poste de ministre plénipotentiaire.

Dès mon arrivée, les conférences se multiplient. Je sillonne le Chili. Le 3 juillet, après onze heures de chemin de fer, pour accomplir les quelque six cents kilomètres qui séparent Santiago de Concepción, j'ai la surprise d'être accueilli sur le quai de la gare par le consul en personne qui, malgré ses 82 ans, m'attend sous la pluie en compagnie d'une trentaine d'habitants. Pendant cette période, les offensives allemandes sur l'Oise et la Marne rendent le public nerveux.

Le 20 juillet, je parviens à Temuco, quatre cents kilomètres plus au sud. Le surlendemain, je repars pour le nord, à mille kilomètres de là, et je reviens à Valparaíso, juste avant ma conférence. J'en donne une autre le lendemain, puis je regagne Santiago où je suis attendu pour présenter trois conférences dont une sur les Pyrénées. De là, je file vers le sud pour donner quatre conférences dans quatre villes différentes.

Après avoir multiplié les rencontres et les kilomètres, je fais, comme en 1916, une halte de quelques jours à l'hôtel thermal de Puente del Inca, en Argentine, dans la province de Mendoza, ce qui me permet de séjourner au cœur même de la Cordillère, et d'admirer de nouveau ce pont naturel, cette particularité géologique unique au monde. Le lieu est desservi par le chemin de fer qui va de Santiago à Buenos Aires. J'espère faire un peu de ski, cette fois-ci, et des ascensions avant d'aller respirer l'air de la pampa. Je gravis l'Iglesia de los Penitentes et le Cerro Tolosa.

Très vite, le temps est de nouveau rythmé par les conférences et les voyages en chemin de fer. Le 26 août, je descends du train à la gare de Traiguén où m'attendent des représentants de la colonie française et des personnalités locales, notamment des membres de la famille Widmer Berthet. Juan Widmer Eschler est arrivé dans la région, en 1885. Il est, en 1891, l'un des fondateurs de l'Alliance française de Traiguén, la première créée en Amérique latine. En outre, pendant de nombreuses années, il exerce les fonctions de vice-consul de Suisse, de vice-président de l'orphelinat et de l'école de La Providencia. Son épouse, d'origine française, Cécile Berthet, fait don d'une maison et d'un terrain pour qu'un foyer accueille des filles dont les familles connaissent des difficultés[13].

Le surlendemain, après avoir évoqué la place forte de Verdun, je projette deux films : l'un dans lequel le général Gouraud passe les troupes en revue, après la victoire ; l'autre sur le pouvoir militaire de la France. De retour à Concepción, au Teatro Central, j'évoque Jeanne d'Arc et la France en guerre. Mon séjour au Chili se prolonge bien plus que je ne l'avais prévu. Alors, le 31 août, comme bien des Chiliens, je règle ma montre : l'heure officielle est avancée de 42 minutes et 46 secondes.

---

[13] Le foyer *Hogar Cecilia Widmer* existe toujours.

La vision que j'emporterai du Chili est celle d'un gigantesque glacier qui bouscule ses crevasses bleues et ses séracs jusque dans la mer, après la ville de Punta Arenas.

Souvenir du passage de Ludovic Gaurier à Traiguén, 28 août 1918. Cl. Luis Schulthess.

TEATRO CENTRAL
EMPRESA DE TEATROS — Y CINEMAS Limitada —

HOY — SÁBADO 20 DE JULIO — HOY
A LAS 9 P. M.

Segunda CONFERENCIA

sobre

La Mujer Francesa
antes y durante
la Guerra

dictada por el

Abate Ludovico Gaurier

acompañada de proyecciones luminosas y cintas cinematográficas.

El producto de la conferencia se destinará a las obras de guerra de las Colonias Inglesa e Italiana.

PRECIOS:
Palcos $ 20. Platea $ 3. Anfiteatro 0.80. Galería 0.40

Un conférencier en temps de guerre

En Amérique du Sud, je me heurte à bien des difficultés en tant que conférencier, ainsi que le prévoyait le directeur du collège San José de Buenos Aires, dans un courrier du 10 juin 1915, adressé à l'abbé Croharé, directeur du collège de Bétharram, dans les Basses-Pyrénées[14] :

« Je ferai le meilleur accueil à ton recommandé, quand il viendra. Nous aurons à son service le grand salon du théâtre de Buenos Aires. Mais l'autorité ecclésiastique lui permettra-t-elle de faire ces conférences ? Le clergé indigène est germanophile ; les congrégations françaises sont les uniques (avec une bonne partie de l'opinion) à lever le drapeau de l'alliance. Je m'emploierai quand même à assurer la liberté et le succès de l'abbé conférencier. »

Rien n'est simple, comme le note le journaliste et écrivain Georges Hoog : « M. l'abbé Gaurier, que j'ai rencontré deux fois à Santiago, pourra vous dire les difficultés spéciales contre lesquelles se bute la propagande directe au Chili. On commence à se rendre compte de l'empire qu'avaient les Allemands sur ce petit pays, riche d'avenir, mais dont la France a presque cessé de s'occuper activement depuis trente ans. »

Et pourtant, je suis souvent chaleureusement recommandé comme le prouve cette carte écrite, à Rio de Janeiro, par le consul de France, le 26 janvier 1916 : « Jacques Dupas, consul de France, présente ses meilleurs compliments à Monsieur le Ministre de la République Argentine et a l'honneur de recommander à son meilleur accueil le porteur de cette carte, M. l'abbé Gaurier, conférencier du Touring-

---

[14] Aujourd'hui, département des Pyrénées-Atlantiques, depuis 1969.

Club qui voyage pour faire des conférences sur les événements d'Europe. M. Dupas sera reconnaissant à Monsieur le Ministre des conseils qu'il voudra bien donner à l'abbé Gaurier qui se rend en Argentine. »

Il faut reconnaître que, grâce à de telles interventions, je parviens à accomplir mes deux missions. En mai 1916 se succèdent conférences, banquets, visites, voyages. Au Chili, les conférences se multiplient, que ce soit à Valparaíso, au théâtre Apolo, devant six cents personnes ; à Santiago où le ministre de la République française me remercie pour cette œuvre de propagande ; à Concepción, à Talcahuano, dans la région du Biobío, à Traiguén, en Araucanie.

Comment ne pas songer à une seconde mission quand, à peine rentré en France, je reçois, écrite le 15 août 1916, depuis Concepción, une lettre de José V. Soulodre, propriétaire de la Sociedad Imprenta y Litografía Concepción :

« Votre lettre est venue nous apporter de bonnes nouvelles, puisque, malgré les fatigues du voyage, vous êtes arrivé à bon port, d'abord à Buenos Aires et ensuite en France.

« Je ne sais comment traduire, Monsieur l'abbé, la joie expérimentée, en lisant votre lettre, par tous ceux auprès desquels vous avez bien voulu me charger d'être votre interprète pour leur témoigner votre GRATITUDE et votre amitié.

« Croyez, Monsieur l'abbé, que nous nous sentons tous très honorés de posséder votre amitié, mais nous ne voyons réellement pas pourquoi vous pouvez nous exprimer votre gratitude.

« Vous prétendez que les Français de Concepción, et votre serviteur en particulier, vous ont choyé, dorloté et gâté et que cela vous a donné la nostalgie du Chili. Vraiment vous nous confondez. J'estime, et en m'exprimant ainsi, je traduis la pensée de tous, que nous n'avons pas assez fait pour vous.

« Mais, Monsieur l'abbé, un point sur lequel nous sommes parfaitement d'accord, Français et Chiliens qui vous admirons, c'est que vous méritiez davantage, parce que vos mérites sont doubles, en me maintenant encore dans ce chiffre dans des proportions acceptables par votre modestie.

« En venant à Concepción faire vos conférences, vous n'ignoriez point que notre ville était une forteresse allemande, défendue non seulement par les Allemands qui l'habitent, mais encore par les Chiliens auxquels ils ont réussi à inculquer leur fameuse culture. Vous saviez aussi que la colonie française était très restreinte et que l'appui qu'elle pouvait vous prêter, quoique dévoué et sans limites, ne serait pas décisif. Ces circonstances, loin de vous intimider, vous ont incité, au contraire, à venir y semer la bonne parole.

« Eh bien ! Monsieur l'abbé, il vous a été donné de voir que le public ne manquait pas, mais ce que je tiens à vous dire, c'est que ce n'est pas en vain que vous aurez semé. Après votre départ on a beaucoup commenté et votre conférence et les films passés sur la toile et la chaleur de votre parole, la justesse de vos arguments, l'exposition claire des faits, et les preuves convaincantes produites ont retourné bon nombre de germanophiles et définitivement acquis à notre cause beaucoup de timorés ou d'incrédules.

« Tous les jours nous constatons les heureux effets de votre propagande et nous faisons tout ce que nous pouvons pour accentuer le bon mouvement dont vous êtes l'initiateur. Mais ce n'est pas tout. Après l'apôtre, nous avons connu l'ami.

« Nos âmes de rustres, notre vie toute faite de travail, notre esprit réfractaire aux sensations que donne le beau, notre cerveau seulement accessible aux choses qui se traduisent par le mot : affaire, ont fait de nous des êtres presque insensibles. Les joies de la famille et le business quotidien ne laissent place à rien de plus. De-ci de-là, nous comptons bien des amis, mais ce sont des hommes qui nous valent et auxquels peut s'appliquer notre propre biographie.

« Les quelques jours que vous êtes resté parmi nous, nous coudoyant, nous causant, cherchant à nous comprendre, nous ont révélé l'existence d'êtres supérieurs, infiniment plus intéressants, mettant au service d'une cause leur intelligence, leur talent, leur savoir, leur vie même parfois, n'escomptant pour tout salaire que la satisfaction du devoir accompli, le bien de leur prochain.

« Vous nous avez démontré votre estime en nous donnant une place dans votre cœur. À tous les dons vous unissez la bonté et vous l'avez répandue à profusion parmi nous.

« Vous voyez, Monsieur l'abbé, que vous avez perdu votre cause et que c'est nous qui devons vous exprimer toute notre gratitude pour nous avoir "démétalisés". Ce dont nous nous réjouissons, c'est que les attentions que nous avons pu avoir pour vous font que nous conservons l'espoir de vous revoir parmi nous. Cela nous permettra de faire mieux. C'est notre consolation.

[...] Vous recevrez quelques numéros du *Noticiero*. Je vous recommande les articles *Glosando noticias* et le discours de M. de Viale[15] à l'occasion de la réception du 14 juillet.

« Inclus vous trouverez aussi une copie de la liste adressée au consul de France de Valparaíso, en réponse à la demande du ministre des Affaires étrangères, touchant les personnes qui s'étaient le plus distinguées pour les fêtes. Je joins également les états de service de M. de Viale en vous suppliant de concentrer votre appui sur son nom afin qu'il reçoive la juste récompense de ses actions et de ses mérites. »

Le 24 novembre, frère Joseph, depuis Santiago du Chili, m'écrit, lui aussi, pour me recommander deux jeunes gens qui se sont engagés dans l'armée française. Il ajoute : « Beaucoup de personnalités chiliennes m'ont demandé de vos nouvelles. Tout dernièrement encore nous parlions de vous dans une réunion où j'avais conduit une jeune religieuse qui avait réussi à s'échapper de Belgique. Comme vous avez dû l'apprendre, il y en a beaucoup au Chili qui ont tourné leur

---

[15] Sébastien de Viale-Rigo est consul de France, à Concepción.

veste. C'est vous, Monsieur l'abbé, qui avez commencé ce revirement : il faut par conséquent venir l'achever. Beaucoup se rappellent la parole que vous avez prononcée au théâtre. Vous disiez : Les Allemands tirent sur la cathédrale de Verdun, c'est un signe qu'ils ne l'auront jamais et vous avez dit vrai. Enfin espérons que bientôt nous apprendrons la nouvelle de votre retour parmi nous. »

Le souhait du frère Joseph sera exaucé. Le conseil d'administration du Touring-Club de France en profite pour me confier une mission de propagande touristique en vue de faire connaître en Martinique et en Amérique les beautés de la France. Mais chargé par le gouvernement de défendre les intérêts de la France et de lutter contre la propagande allemande, la guerre reste au cœur de mes conférences. Les films, que j'emporte, lors de cette seconde mission, montrent, par exemple, les ruines du fort de Douaumont sous la neige. Détruit en 1916, le village n'a pas été reconstruit.

Au Chili, cette seconde mission se révèle encore plus intense. À peine débarqué à Santiago, j'apprends que douze conférences sont déjà prévues dans diverses villes. La première est organisée par une société littéraire créée par des dames de l'aristocratie chilienne. Quelques jours plus tard, toujours à Santiago, j'évoque *La Mujer francesa, antes y durante la Guerra,* au profit de Las Damas aliadas ou Women's Patriotic League. Cette conférence est donnée de nouveau au Teatro Central de Concepción. On me propose d'évoquer aussi Jeanne d'Arc. Un film intitulé *La Pucelle d'Orléans* a non seulement choqué, mais scandalisé de nombreux spectateurs[16]. Aussi il m'est demandé de corriger ce mensonge historique « parce qu'insulter Jeanne d'Arc, c'est insulter la France », me dit-on. J'en profite pour établir des parallèles avec le présent. Au moment où Jeanne d'Arc priait sur son bûcher, tout le monde pleurait dans la foule, même ses bourreaux, même son juge ! Devant ces larmes de l'évêque

---

[16] Il s'agit certainement du film réalisé par Cecil B. DeMille, *Joan the Woman* (1916).

Cauchon, comment ne pas songer aux larmes de Guillaume II qui affirme : « Mon cœur saigne devant les malheurs de la Belgique. »

Le succès est tel que le nombre de conférences ne cesse d'augmenter – trente-deux - et que des personnes qui m'ont entendu à Santiago font le voyage jusqu'à Valparaíso pour entendre de nouveau la même conférence ! Le produit des entrées est destiné à soutenir les œuvres et les orphelins de guerre, la Croix-Rouge des pays alliés, l'Œuvre des mutilés que préside Louis Barthou, député d'Oloron, dans les Basses-Pyrénées.

À Concepción, à l'occasion du 14 juillet, fête célébrée par la colonie française, et à laquelle participent les consuls de France M. Viale-Rigo, d'Angleterre M. Guillermo Borrowman, d'Italie M. Galletti, d'Argentine M. Carrasale Vidal, d'Uruguay M. Oliver Britos, je donne quatre conférences en deux jours, dont une sur le français tel qu'on le parle dans les tranchées et ailleurs. Un certain Paul Laporte déclame un poème de sa composition : « Le prêtre-soldat ». José V. Soulodre, qui possède une imprimerie et m'aide spontanément dans mes démarches, remet une somme de 2 000 pesos à la Croix-Rouge, en expliquant pourquoi, en ce jour de fête, il n'est pas servi de champagne. Il reprend le discours prononcé par sir Maurice de Bunsen, envoyé extraordinaire de Sa Majesté britannique au Chili, lors de la réception donnée en son honneur au club anglais de Valparaíso :

« La situation que traverse mon pays oblige tout cœur patriotique à sacrifier certaines commodités au profit de la défense de la patrie, et à laisser de côté l'orgueil et le paraître. Au début de la guerre, j'utilisais à Londres une automobile. Puis j'ai compris que mon chauffeur pouvait être utile à la guerre, et je l'ai renvoyé. J'avais appris à conduire. Mais j'ai ensuite réalisé que l'argent que me coûtaient son entretien et son usage pouvait être mieux employé et je la vendis. Je m'achetai alors un poney et un petit tilbury, pour me déplacer dans Londres, quand un ami me fit remarquer que le fourrage que mangeait cet animal pouvait manquer à ceux qui faisaient la guerre. Je le vendis aussi.

« Ici, on me sert du champagne, à deux livres la bouteille. Cet argent ne pourrait-il pas être mieux utilisé en temps de guerre ? »

Le 14 juillet est célébré avec éclat et enthousiasme en Amérique latine. Ce jour devient, pour les différents peuples, le symbole de la liberté. En 1917, la présence du croiseur cuirassé la *Marseillaise* dans le port de Rio a donné à cette fête un caractère particulier, celui d'une fraternité franco-brésilienne. Les marins français et les bataillons navals brésiliens ont défilé dans les rues sous le commandement du capitaine de frégate José Marie Penido, au son des accents de la marche militaire, *Le Régiment de Sambre-et-Meuse* dont le refrain est célèbre :
« Le régiment de Sambre-et-Meuse
Marchait toujours au cri de Liberté,
Perçant la route glorieuse
Qui l'a conduit à l'immortalité. »

Des cérémonies religieuses ont lieu dans l'église Notre-Dame-de la Candelária et dans l'église presbytérienne. Dans les divers cercles de la ville se tiennent réunions et conférences. Le poète Paul Claudel, alors ministre plénipotentiaire, et le commandant de la *Marseillaise* offrent une grande réception à la légation de France. Paul Claudel, dans un discours patriotique, salue la personnalité de Nilo Peçanha, « illustre homme d'État..., diplomate énergique et clairvoyant », qui a assuré la présidence du Brésil pendant dix-sept mois, à la mort d'Afonso Augusto Moreira Pena.

En Argentine, Buenos Aires est pavoisé avec les couleurs des Alliés. La *Nación* écrit : « La fête nationale de la France a eu, cette année, un rayonnement d'enthousiasme qui a dépassé les proportions habituelles et qui, par-delà le cercle de la colonie française, a pénétré intimement toute la cité. On aurait dit une fête nationale argentine ! » Les manifestations en l'honneur de la France ont également revêtu un caractère populaire et national en Uruguay. Sur les façades des maisons, sur les mâts des navires les couleurs nationales se mêlent aux couleurs de la France et des États-Unis. On a pavoisé aussi à Santiago, à Valparaíso, à Lima où le 14 juillet est décrété fête péruvienne. Dans le collège des pères du Sacré-Cœur, où fut élevé José Garcia Calderón, fils du juriste Francisco Garcia Calderón, président du Pérou de mars à novembre 1881, la colonie française a déposé solennellement une couronne de laurier sur la plaque qui commémore le sacrifice de ce jeune Péruvien. Engagé volontaire, José Garcia Calderón meurt à Verdun, le 5 mai 1916, lors d'une observation en ballon captif. De violentes rafales de vent rompent le câble de retenue, et le ballon est entraîné vers les lignes allemandes. En 1906, il était entré à l'École nationale supérieure des beaux-arts, en section d'architecture. Bien que disparu à l'âge de 28 ans, il a laissé une œuvre multiple : tableaux, dessins, articles, essais, impressions de voyages, carnets de guerre.

Finalement, je reste trois semaines à Concepción avant de descendre plus au sud, jusqu'à Temuco, capitale de la province de Cautín, en Araucanie, où je parle de Verdun et de la guerre au Teatro Tepper, et où l'on m'offre une magnifique parure mapuche. On me sollicite pour une seconde tournée dans le Sud. Cela n'a l'air de rien sur la carte, mais en réalité il y a de Concepción à Valparaíso la même distance que de Dunkerque à Marseille. Et Temuco est à huit heures de chemin de fer de Concepción ! Je suis si fatigué (pour m'être couché cinq nuits de suite à deux heures du matin, après des conférences, des banquets) que j'envisage de me rendre à Valparaíso par mer. Une tempête cloue le vapeur au port et je voyage vingt-quatre heures en chemin de fer pour arriver à Valparaíso quelques heures avant ma conférence. J'en fais une autre le lendemain avant de gagner de nouveau Santiago où j'en ai promis trois. De là je repars dans le Sud, où je dois en faire quatre dans des villes différentes. Les victoires sur la Marne ne sont certainement pas étrangères au succès de ces conférences.

Quand le 24 août 1918, j'arrive par le train du soir à Los Ángeles, capitale de la province du Biobío, au sud-est de Concepción, un important comité d'accueil m'attend à la gare. Ma conférence sur « Verdun et la guerre », déjà donnée à Concepción, est annoncée par la presse, qui précise que seront projetées *de esplendidas vistas cinematograficas, una de las cuales ha sido tomato durante un asalto.*

Les conférences sont accompagnées de projections photographiques et de films. La France est un des premiers pays à faire du cinéma un outil de propagande. Avant mon départ, la section photographique et cinématographique des armées m'a adressé *En Alsace avec nos chasseurs à pied,* un film qui présente, me dit-on, « un très joli défilé de nos chasseurs et qui répondra certainement au but que vous désirez atteindre ». Ce même service me fait parvenir, en janvier 1918, un film d'information intitulé *La puissance militaire de la France.* L'affiche qui annonce sa projection au Salón Aranguren à Los Ángeles, le dimanche 25 août, précise : *Por primera vez en Chile se exhibira el impresionante film oficial del Ministerio de la Guerra.* À Temuco, un régiment entier assiste à la projection de ce film. *Les marins de France,* autre film, m'est envoyé au Chili. En 1916, l'Agencia argentina de los establiciamentos Gaumont à Buenos Aires tient à ma disposition *Rey de Belgica y el presidente Poincaré en las trincheras* et *El Ejercito frances aux Éparges.*

Avant que je ne quitte la France, l'abbé Foulon, qui a donné une série de conférences intitulées « Arras sous les obus », emblème des villes martyres, m'a fait parvenir quelques positifs, Le beffroi en flammes, ravagé par les obus, est devenu, le 21 octobre 1914, le symbole de la résistance française, comme l'était déjà la cathédrale de Reims incendiée un mois plus tôt. Le nombre important de vues projetées permet aux auditeurs qui maîtrisent mal la langue française de suivre la conférence. Une brochure en espagnol, distribuée à l'entrée, en indique les thèmes. Pour ma seconde mission, la

Fédération des syndicats d'initiative du Sud-Ouest m'a remis des affiches panoramiques.

À Los Ángeles, avant que je ne prenne la parole, don Octavio Adriazola Cruz rappelle que je suis venu défendre l'honneur de la France, honneur menacé par la propagande réalisée par les ennemis de la liberté dans les jeunes nations américaines, raviver dans les cœurs l'amour des Chiliens pour la France meurtrie. Il n'y a plus une pierre, poursuit-il, qui n'ait éclaté sous le fracas des grenades, plus un arbre qui n'ait absorbé le sang de ses héros, ni une poignée de terre qui n'ait été sanctifiée par la poussière de leurs os calcinés, ni une brise qui n'apporte le rugissement des canons...

Le séjour au Chili se prolonge. En octobre, pour la conférence donnée au théâtre municipal de San Felipe, deux mille programmes sont édités. Le 6, une fête est organisée en l'honneur de la France par la colonie française de la ville, à l'institut Arturo Prat, créé en 1910 par les Frères des écoles chrétiennes. Il prend, en 1930, le nom d'Instituto Abdón Cifuentes. Mes « enthousiastes admirateurs et respectueusement affectionnés compatriotes » offrent un banquet dont voici le menu : ENTRÉE : jambon au naturel, homard sauce mayonnaise ; POTAGE : cazuela à la chilienne, corbine sauce verte, vol-au-vent Verdun, petits pois au jambon ; ENTREMETS : omelette au rhum, asperges en branches ; RÔTI : dinde truffée, salade à la victoire ; DESSERTS : fromage, fruits, tarte ; café, cigares, Chartreuse ; VINS : Semillon, Errázuriz réserve, Santa Rita réserve, Champagne grand mousseux.

Il n'est pas difficile de comprendre que de telles réceptions augmentent la fatigue, d'autant plus qu'elles se succèdent. Deux jours plus tard, le 8 octobre, je suis invité par *La Internacional, la Secunda Compañia de Bomberos* (la seconde compagnie de pompiers).

Quand en janvier 1919, je navigue vers la France, j'emporte dans mon cœur des paysages et des souvenirs amicaux du Chili, pays auquel je resterai relié, malgré la distance et la lenteur des communications. En mai, je reçois une lettre écrite depuis San Felipe, le 1er mars, par Denis-Donatien, frère des écoles chrétiennes.

« Cher Monsieur l'abbé,

« J'ai été très sensible à votre bon souvenir et vous remercie bien sincèrement de la carte écrite en mer le 15 janvier par 5° 27' de latitude nord. Elle est arrivée au 32° 45' de latitude sud, où j'habite, le 26 février.

« Inutile de vous dire combien je vous suis reconnaissant de vos vœux de bonne année. En retour, veuillez recevoir les miens qui doivent être (si tout se mesure par la circonférence) aussi étendus que les vôtres. Que Dieu daigne récompenser celui qui, pendant son trop court séjour au chili, a tant fait connaître, respecter et aimer la France, par les admirables conférences dont le souvenir restera longtemps gravé dans la mémoire de tous, et particulièrement des Français qui, plus que les autres, auront pu goûter les fines beautés d'un langage bien littéraire et bien français. »

Connaissant mon attrait pour les sommets, Denis-Donatien fait ensuite le récit de trois jours d'excursion dans la Cordillère : à la Laguna del Inca, à Caracoles, à las Cuevas (en Argentine). À dos de mulet, alors que, par endroits, l'épaisseur de neige atteignait quatre mètres, il est monté jusqu'au Christ rédempteur des Andes dont la statue, inaugurée en 1904, se dresse à 3 882 mètres d'altitude.

Le 21 août 1919, une lettre en provenance du Commissariat général à l'information et à la propagande accuse réception de mon rapport sur les deux missions en Amérique latine. Le commissaire général ajoute : « Je tiens à vous remercier tout particulièrement du succès de vos conférences et des brillants résultats que vous avez su obtenir, grâce à votre activité et à votre tact. »

De retour en France, il me faut combattre certaines erreurs de jugement concernant le peuple chilien accusé d'être favorable aux Allemands. J'en donne pour preuve le succès obtenu, en mars 1918, par l'exposition d'armes et de trophées de guerre envoyés de France, organisée à Valparaíso au bénéfice de l'hôpital chilien de Paris. L'exposition a rapporté 60 000 piastres Ce malentendu vient du fait que 30 000 colons allemands sont installés au Chili.

Il convient de rappeler que l'émigration allemande est organisée, et qu'elle regroupe systématiquement, dans des pays riches et de climat tempéré, ceux de ses nationaux qui s'expatrient. Le *Deutschtum* devait comprendre, d'après le fameux plan exposé par Tannenberg : la République argentine, le Chili, l'Uruguay, le Paraguay, le versant atlantique de la Bolivie et le sud du Brésil. La conquête pacifique observe plusieurs stades : d'abord la pénétration économique par l'achat de grandes exploitations agricoles, par l'installation de maisons de commerce, de banques, de grandes forges, d'usines, etc. ; puis, par l'établissement de lignes de navigation, par la mainmise sur les travaux d'intérêt public : chemins de fer, ports, machinerie, électricité. Le second stade est la pénétration politique : les colons allemands, une fois installés dans un pays (où il est exact que leur activité contribue au développement de la richesse générale) se font naturaliser, sans perdre la nationalité allemande qui leur est conservée, grâce à la loi Delbrück. Ils peuvent donc s'immiscer dans la vie politique de la nation dont ils sont les hôtes.

Au Chili, les Allemands sont surtout installés dans les provinces méridionales. Dans l'archipel de Chiloé et la région magellanique, la navigation côtière est uniquement assurée par la compagnie allemande Kosmos, il est donc aisé de comprendre les complicités dont les croiseurs allemands ont bénéficié, ce qui leur a permis de surprendre les croiseurs anglais à Coronel, au début de la guerre. À la suite de cela, le Chili n'a pas hésité à interner tous les vapeurs ayant servi à ravitailler l'escadre allemande, ce qui a nui profondément au commerce et à l'industrie de ce pays.

D'un point de vue ethnographique, l'Araucanie a retenu mon attention car les Indiens sont considérés comme peu civilisés. Les Araucans ont résisté jusqu'en 1883 à toute domination. Peu nombreux, ils ont gardé leur culte primitif et leurs traditions. Leur seule industrie est le tissage des tapis et des ponchos. La Cordillère est, en ce lieu, couverte de forêts immenses détruites, en maints endroits, par le feu pour gagner des terres cultivables.

Dans un rapport que l'on m'a remis, concernant les services rendus par des religieuses à Concepción, on peut lire que l'hospice, qui vient d'être construit face à l'hôpital ouvert en 1871 et dont la direction a été confiée aux Sœurs de la providence, reçoit « de pauvres sauvages de l'Araucanie dont le domicile est le plus souvent la prison ou l'hôpital où les soins qu'on leur prodigue les attirent vers la civilisation. La communication est difficile car ils ne parlent pas l'espagnol et le personnel ignore leur dialecte. Les enfants sont séparés de leurs parents et on les forme aux mœurs civilisées du Chili ».

Dans un autre rapport, il est noté qu'en 1874, l'administrateur de l'hôpital de Los Ángeles, ville située sur la frontière avec l'Araucanie, sollicitait, auprès de congrégations, la faveur que soient envoyées des sœurs pour diriger l'établissement. Il faisait entrevoir que « la situation à quelques lieues des Indiens permettrait aux sœurs de pénétrer, un jour, chez les Mapuches pour travailler à leur civilisation, en créant des écoles gratuites ». Les Araucans n'ont alors pas bonne presse, sont donnés comme des voisins peu fréquentables. Dans ce même rapport, concernant les années 1876 à 1880, on apprend que l'hôpital continue à vivre petitement des aumônes en nature données par les fermes du voisinage et de l'indispensable fourni par l'administration. Il y a en permanence une cinquantaine de patients, dont de nombreux blessés « à cause du voisinage et des luttes avec les féroces Araucans, voleurs de bestiaux, d'argent et de femmes... ». Quarante ans plus tard, ce n'est pas l'image que je garderai des Mapuches.

Le croiseur cuirassé Marseillaise, novembre 1917.

Arica, Chili, 20 avril 1918.

Propagande et tourisme

Conférences et travaux sont variés, car je suis chargé de missions à la fois par le ministère des Affaires étrangères, par le Comité catholique de propagande française et par le Touring-Club. Ainsi il m'est demandé de faire connaître le patrimoine touristique de la France. Chaque année, des Américains du Sud viennent en Europe et ne visitent que Paris, Trouville ou... la Suisse ! Les syndicats d'initiative de la Haute-Garonne, de l'Aude, de l'Auvergne, des Basses-Pyrénées, de la Côte d'Azur, du Vivarais, de Grenoble et du Dauphiné me font parvenir des jeux d'une quarantaine de clichés positifs, de format 8 ½/10.

Le Touring-Club de France, fondé en 1890, reconnu d'utilité publique par décret du 30 novembre 1907, placé sous le haut patronage du président de la République, est d'autant plus intéressé qu'il vient d'organiser, en 1915, avec les représentants des grandes compagnies de chemin de fer et de navigation, avec les syndicats d'hôteliers et les grandes villes d'eaux, un comité de propagande touristique.

J'ai déjà donné, en France et en Espagne, une centaine de conférences sur les glaciers et les lacs des Pyrénées, sur les débuts du ski dans ces montagnes, et sur diverses régions de France. Dès mon retour d'Amérique latine, je serai convié à en donner d'autres. Le 17 mars 1920, le journal *La Croix* annonce :

« C'est aujourd'hui, mercredi, que M. l'abbé Gaurier donne à l'Institut catholique de Paris sa conférence : Les congrégations religieuses françaises dans l'Amérique du Sud et leur rôle patriotique.

« On n'a pas oublié à Pau que M. l'abbé Gaurier, mobilisé à la radiographie militaire de notre ville, avait été envoyé, par le ministère Briand, en tournée de conférences de propagande dans l'Amérique du Sud. Détail qui ne doit pas toujours rester ignoré ; c'est à la suite d'un rapport envoyé au ministère des Affaires étrangères par le distingué conférencier du T.C.F. que le gouvernement français a décidé l'envoi d'un attaché militaire au Chili. »

Au cours de ces deux missions j'ai croisé des personnalités diverses : Abel Ballif, Henri Defert, Léon Auscher qui furent respectivement présidents et vice-président du Touring-Club de France ; le journaliste François Veuillot, qui dirigea le journal catholique *L'Univers*, dont il abandonne la direction en 1912 pour devenir journaliste à *La Croix;* le député Maurice Barrès que je rencontre à sa permanence, 9 rue Sauval, et qui me recommande à l'écrivain et diplomate brésilien José Pereira da Graça Aranha. J'ai rencontré le comte Fernand de Montessus de Ballore. En tant que sismologue, il a été appelé à Santiago en 1907, soit un an après le tremblement de terre qui a détruit Valparaíso, pour prendre la direction du Service des tremblements de terre ; on lui doit d'avoir posé les bases de la géographie sismologique. Toujours à Santiago, je fais la connaissance d'Alberto Marquez B., consul général du Chili au Mexique, dont *Libro Internacional Sudamericano* vient de paraître, il m'en remet deux exemplaires en vue d'une édition française.

L'homme de lettres et docteur en droit, Gustave Regelsperger, qui est aussi secrétaire général de la *Revue de géographie*, me met en relation avec M. de Candamo, alors ministre du Pérou. « Vous pourriez, m'écrit-il, demander au ministre du Pérou s'il veut bien vous appuyer et vous recommander auprès des autorités locales avec lesquelles vous seriez heureux d'être en rapport et accessoirement auprès des autorités douanières. »

Gustave Regelsperger mentionne mes voyages dans le « Mouvement géographique » du *Bulletin de la Société de géographie commerciale :* « M. l'abbé Gaurier, qui s'était précédemment signalé par ses études de géographie et de géologie sur les Pyrénées, a rempli, de décembre 1915 à juillet 1916, une première mission officielle de propagande intellectuelle française, dans plusieurs pays de l'Amérique du Sud, Brésil, Argentine, Chili, où il a fait des conférences ayant pour objet de répandre l'idée de civilisation française et d'en faire connaître les caractères élevés, afin de lutter contre les mensonges de la propagande allemande et de rétablir la vérité.

« M. l'abbé Gaurier, qui avait su admirablement convaincre ses auditeurs, vient de repartir pour une seconde mission analogue au cours de laquelle il visitera notamment le Venezuela, la Colombie, l'Équateur, le Pérou, le Chili pour y faire une série de conférences. Il complétera ainsi l'œuvre entreprise dans son premier voyage et abordera cette fois les questions économiques. »

Mgr Alfred Baudrillart, recteur de l'Institut catholique de Paris, en tant que président du Comité catholique de propagande française à l'étranger, dont la première séance plénière s'est tenue le 18 mai 1915, me charge d'une mission particulière. Depuis le 3 de la rue Garancière, siège du comité, sont expédiées à Bordeaux pour être embarquées à bord du *Sequana* deux caisses de livres, l'une à destination de Buenos Aires, l'autre de Rio. Elles contiennent les éditions portugaise et espagnole de deux ouvrages qui viennent de paraître : *L'Allemagne et les Alliés devant la conscience chrétienne* et *La guerre allemande et le catholicisme*. Il m'est confié le soin de répartir ces productions quand je serai sur place.

Le tourisme est une notion relativement récente. Le terme, emprunté à l'anglais, n'apparaît, en France, qu'en 1841. Moins de quatre-vingts ans après, me voici transformé en employé de l'agence de voyage Cook : par-delà les mers, je projette sur écran des paysages et des monuments français.

Les conférences s'accompagnent de clichés montrant ce que sont devenues les villes de Biarritz et de Pau grâce au tourisme ; d'autres vues célèbrent le campement en montagne et les sports d'hiver dans les Pyrénées. Les dernières projections ramènent aux tristes réalités de la guerre en présentant Senlis, Soissons, Arras et Reims en ruines. De ces ruines surgit la statue de Jeanne d'Arc, invincible, sur les parois de la cathédrale de Reims. Le dernier cliché présente la carte de France avec sa frontière naturelle du côté de l'Allemagne : le Rhin.

Le tourisme apparaît comme le moyen le plus rapide pour reconstituer la richesse nationale. Il est donc à organiser en France et aux Antilles. En Guadeloupe et à la Martinique, en octobre 1917, il est souvent au centre de mes conférences qui se déroulent devant un public nombreux. À Basse-Terre, se tiennent au premier rang le gouverneur, Jules-Maurice Gourbeil, et l'évêque, Mgr Genoud. On vient justement de construire à Basse-Terre, près de l'église du Mont-Carmel, une grotte semblable à celle de Lourdes. Les Antilles françaises sont merveilleusement placées à l'intersection des routes de l'Europe vers Panama et des États-Unis vers l'Amérique du Sud ; leurs beautés naturelles, leurs richesses thermales peuvent en faire d'agréables centres de villégiature. En outre, développer le tourisme contribue à faire connaître les bienfaits de l'activité physique, de la santé morale par le grand air. Le Touring-Club de France est prêt à aider la Martinique à mettre en valeur son patrimoine.

Cependant, en tant que scientifique, je suis étonné de constater que la plupart des gens considèrent que l'éruption de la montagne Pelée, qui a enseveli sous une épaisse couche de cendres quelque 28 000 personnes, le 8 mai 1902, ne se reproduira plus, Dans un rapport que j'adresse à la Société de géographie, je mets en garde ceux qui affirment que le volcan est inactif. En effet, aux phénomènes éruptifs qui durèrent jusqu'à la fin 1903, ont succédé des manifestations solfatariennes, sous la forme de fumerolles très nombreuses et en activité constante. Fin décembre 1917, ces fumerolles jaillissaient toujours des flancs et des deux sommets du dôme andésitique, qui a surgi du fond de l'ancien cratère pendant l'éruption. Le dôme présente l'aspect d'une énorme meule de charbonnier ; des vapeurs en sortent de tous côtés par de multiples fissures. C'est donc faire preuve d'imprudence que de reconstruire sur l'emplacement de Saint-Pierre, sous prétexte que le volcan ne s'est plus manifesté pendant quatorze ans[17].

Par ailleurs, depuis la Colombie, je renseigne la Société de géographie sur les violents tremblements de terre qui se sont produits entre le 31 août et le 7 septembre 1917. C'est à Bogotá, où de nombreux édifices et maison s'écroulèrent, et à Ibagué, située au pied du Tolima, que le séisme fut le plus violent.

Montagne Pelée, fumerolles sortant du flanc nord du dôme, 27/12/1917.

Si nous voulons peser dans la balance touristique, il y a bien d'autres voies à exploiter. Commençons par faire mieux connaître notre pays en affichant, à l'étranger, dans les hôtels et les trains, des panneaux publicitaires. Recrutons des

---

[17] La montagne Pelée connaît effectivement des éruptions en 1929.

correspondants, créons des bureaux d'information touristique, collaborons avec les principaux journaux et revues. Pourquoi ne pas contacter des médecins étrangers afin qu'ils réalisent des voyages d'étude dans nos stations thermales ou qu'ils organisent dans leur pays des conférences sur les richesses hydrominérales de la France ?

Par ailleurs, il semble indispensable de vaincre le mauvais vouloir de certaines compagnies peu favorables à des œuvres dirigées par des étrangers. Par exemple, à Paris, nous pourrions nous mettre en relation avec L'express Villalonga, agence formée en Argentine par les différentes compagnies de chemins de fer qui sont presque toutes anglaises. Faisons de même avec Transportes Unidos de Santiago et Valparaíso.

Il faudrait multiplier les lignes maritimes. L'Espagne a su établir, avec le Chili et grâce à la Compañía Transatlantica Española de Barcelone, une nouvelle ligne de navigation par le détroit de Magellan jusqu'à Valparaíso. Le premier vapeur, *Isla de Panay*, est arrivé à Coronel le 27 août 1918. Pensons aussi à améliorer les conditions de navigation. Il est reproché aux compagnies françaises d'accepter à bord de leurs navires des femmes de mauvaise vie, ce qui entraîne des scènes fâcheuses et des coudoiements ennuyeux. Ne devrait-on pas tenir compte aussi des réclamations des passagers qui se plaignent de la nourriture anglaise et regrettent les repas servis sur les bateaux français ? Au Venezuela, on m'a demandé s'il ne serait pas possible d'organiser « des voyages à forfait, au besoin en caravane », comme ceux des agences Cook ou Duchemin, tous frais payés d'avance, analogues aux croisières vers le Spitzberg, aux excursions en Égypte, aux pèlerinages en Terre Sainte.

De plus, il est urgent d'améliorer, en France, l'accueil des touristes étrangers. Après les inquisitions, certes utiles mais tyranniques de la douane, le touriste erre dans une ville inconnue à la recherche d'un hôtel convenable, quand il ne subit pas les prétentions déraisonnables des cochers et des commissionnaires. De tels désagréments seraient évités si on installait des bureaux d'information à l'étranger, si l'on affichait dans les paquebots la liste des hôtels du port de débarquement, si l'on plaçait près du douanier un agent capable de renseigner les voyageurs.

Plus les voyageurs seront satisfaits de leur séjour, plus ils le prolongeront ; plus ils visiteront la France, et plus ils y laisseront cet or que les nécessités de la guerre nous ont contraints à dépenser dans leur pays. A n'en point douter, ils deviendraient nos meilleurs auxiliaires en incitant leurs connaissances à les imiter. Bien recevoir les touristes est notre meilleure publicité.

Sur un plan économique, on aurait beaucoup à gagner en améliorant et en développant les échanges commerciaux avec le Chili. Créer, comme on l'a fait en mars 1918, une chambre de commerce à Concepción, n'est pas suffisant. Le *Mercurio*, lui-même, dans son éditorial du 3 avril 1918, s'intéresse aux relations franco-chiliennes et recherche les causes de la stagnation du commerce français au Chili. Ne serait-ce pas simplement une mauvaise connaissance du pays ? À mon avis, l'idée d'une Maison d'Amérique à Paris est à concrétiser.

En octobre 1918, s'est tenue à Bordeaux la troisième Semaine de l'Amérique latine. Ces Semaines, fondées en 1916, sont nées de la volonté de réagir à la propagande allemande en Amérique du Sud. Cette troisième Semaine s'est ouverte sous la présidence du ministre du Commerce et de l'Industrie, Étienne Clémentel. La question a été posée de savoir comment développer sur la place de Bordeaux des marchés destinés à vendre des produits venus d'Amérique latine : viandes, céréales, tabacs, cacaos, peaux et cuirs. Il est également envisagé de créer de nouveaux lycées au Chili.

Parallèlement, à Valparaíso, sur l'initiative du consul de France, J.-F. Chausson, un comité d'études commerciales est fondé, pour aider le consulat à améliorer le commerce entre la France et le Chili. Les membres du comité s'intéressent à la façon dont la concurrence allemande s'est établie au Chili ; aux moyens que les fabricants français peuvent utiliser pour s'en défendre et introduire leurs produits ; à la nécessité d'implanter une banque française et de rétablir une ligne de navigation dans le Pacifique.

« Si la Compagnie générale transatlantique avait fait preuve de plus de bonne volonté, m'écrit J.-F. Chausson, le 20 avril 1917, et je ne crains pas de le dire de PATRIOTISME ÉCLAIRÉ, elle aurait pu, dès le commencement de l'année 1915, établir un service qui n'aurait exigé que deux bâtiments qu'elle aurait pu aisément alors acquérir et dont la valeur eût été rapidement récupérée par les frets qu'elle aurait ainsi encaissés. »

Lors de mon premier séjour en Amérique du Sud, nous avions débattu de la création d'une ligne de navigation française entre Montevideo et Callao. C'est pour cela que le 19 avril 1917, le président du Comité d'études commerciales, Élie Poisson, m'écrit également, depuis Valparaíso :

« M. le consul nous a communiqué votre lettre du 14 janvier dernier et nous venons vous remercier de l'intérêt que vous prenez à l'établissement d'une ligne qui viendrait jusqu'au Chili.

« Sous ce pli, nous vous remettons une étude que notre comité a publiée sur cette future ligne. Vous verrez que nous arrivons à la conclusion que la voie la plus avantageuse est celle via Colón où la Compagnie générale transatlantique envoie déjà des bateaux, ce qui simplifie énormément l'établissement du nouveau service.

« La voie de Magellan est évidemment bonne aussi, mais il ne faut pas oublier qu'entre Buenos Aires et Talcahuano il y a dix jours de voyage et un seul port, Punta Arenas, où les vapeurs peuvent faire escale ; nous ne voulons pas dire, par-là, que cette voie soit à dédaigner, mais nous estimons que, pour commencer, le prolongement des lignes de Colón est plus pratique et n'offre aucun risque. Plus tard, on pourra envisager le tour complet, via Panama avec retour par Magellan et vice versa. »

Elie Poisson est agent de la Compagnie générale transatlantique, de la Compagnie de navigation Sud-Atlantique et agent en douane. Il joint à sa lettre la circulaire n° 3 du Comité d'études commerciales, éditée à Valparaíso en juillet 1915. Les membres du comité en arrivent à la conclusion qu'il leur faut « une ligne mixte, pour passagers et marchandises, aussi rapide que possible, de façon à attirer la clientèle des passagers, même de ceux qui, en été, prennent la voie de Buenos Aires ». Les communications entre l'Europe et le Chili étaient en partie assurées, avant la guerre, par voie terrestre, via Buenos Aires. Cette voie n'est praticable qu'en été, la Cordillère des Andes étant couverte de neige en hiver.

Quinze jours auparavant, j'avais reçu de l'agence consulaire de France à Concepción et Talcahuano des renseignements concernant la navigation maritime européenne sur les côtes sud-américaines du Pacifique. Jusqu'en août 1914, il y avait plusieurs lignes de vapeurs entre l'Europe et la côte du Pacifique : la Pacific Steam Navigation Company (ou P.S.N.C.), fondée en 1838, est la première à exploiter des navires à vapeur sur le Pacifique. Chaque quinzaine, elle achemine le courrier et des passagers entre Liverpool et Callao, au Pérou, touchant les ports de Punta Arenas, Coronel, Talcahuano, Valparaíso, Coquimbo, Antofagasta, Iquique, Arica. Depuis l'ouverture du canal de Panama, cette compagnie britannique a institué une nouvelle ligne mensuelle partant également de Liverpool, passant par le canal et touchant les principaux ports de la côte du Pacifique jusqu'à Coronel.

La compagnie allemande Kosmos transporte aussi, chaque quinzaine, du courrier et des passagers entre Hambourg et Callao, en appareillant dans les mêmes ports que la P.S.N.C. Outre ces deux lignes, il existe une compagnie danoise et une autre anglaise, qui passent par Magellan, et sont spécialement destinées au transport du salpêtre. Depuis 1917, une compagnie espagnole, la Compañia General Transatlántica, et une compagnie italienne sont en formation, mais tout porte à croire qu'elles ne fonctionneront qu'après la fin du conflit.

Depuis la déclaration de guerre, la compagnie Kosmos a cessé tout trafic et la compagnie anglaise a peu à peu diminué le nombre de ses voyages. C'est la seule qui subsiste, les bateaux danois ne venant que tous les trois mois et ne prenant que du salpêtre. Ceux de la P.S.N.C. arrivent très irrégulièrement tous les cinquante ou soixante jours ; trois vapeurs seulement desservent cette ligne. Ils ne reçoivent des marchandises que pour l'Angleterre. En dehors des paquebots de la P.S.N.C., naviguent les cargos de la Gulf Line, desservant la ligne qui relie Liverpool au Chili, au Pérou et à l'Équateur.

En 1917, une bonne partie des marchandises exportées du Chili le sont par les États-Unis, qui envoient des bateaux en assez grand nombre. Les expéditions pour la France ne s'effectuent que très péniblement et en petite quantité, par l'intermédiaire de la compagnie chilienne Compañia Sud Americana de Vapores jusqu'au port de Balboa, à l'extrémité sud du canal de Panama et, de là, par l'intermédiaire des bateaux de la Compagnie générale transatlantique française. Il faut compter quatre ou cinq mois de voyage avant que les marchandises ne soient débarquées.

Les frets venant de France sont – ou étaient – pour la plus grande part transportés par la compagnie Kosmos et embarqués à Anvers, le reste par la compagnie P.S.N.C., embarqués à La Pallice, port de commerce de La Rochelle. Or, les vapeurs arrivent de Liverpool, souvent avec leur charge complète. Les marchandises françaises sont donc laissées quinze à vingt jours dans les docks, en attendant qu'un autre navire les embarque. De plus, les frets anglais et allemands sont débarqués au Chili à des dates fixes, alors que les produits français arrivent généralement avec un retard certain, ce qui occasionne des préjudices quand il s'agit d'articles de nouveautés ou de saison !

Louis Testart, qui a fondé à Valparaíso, en 1889, une maison de commerce de tissus et d'articles de mode, le regrette amèrement. Il constate aussi que les fabriques françaises pourraient introduire au Chili des produits qui sont uniquement importés par l'Allemagne : la chapellerie, par exemple. Chazelles-sur-Lyon peut concurrencer Guben. Au début du siècle, Chazelles expédiait quelque 60 000 chapeaux par semaine. La guerre n'a pas empêché les usines de prospérer. De même, le marché de la bonneterie pourrait être enlevé par les maisons françaises, si les fabricants envoyaient des articles de bon goût, les caleçons, chaussettes, bas ordinaires étant fabriqués au Chili. Les laines viennent d'Allemagne, les machines à tricoter sont de fabrication allemande. Une seule fabrique emploie des machines à tricoter de marque française, l'Universelle. Les parapluies, les ombrelles, qui se vendent en grande quantité, sont de fabrication allemande et italienne. Il en est de même pour la passementerie, les jouets, les verreries pour parfumerie. De manière générale, les prix français sont trop élevés. Quant aux échantillons, les fabricants français en sont avares, et les présentent si mal qu'ils en deviennent inutiles ! Ils devraient prendre exemple sur les Allemands et les Américains du Nord. Enfin, ils oublient ou ignorent que les saisons sont inversées dans cette partie du monde, et les marchandises expédiées ne correspondent pas à la saison de vente !

Si une ligne française desservait le Pacifique, les armateurs auraient toujours de quoi charger leurs navires. Les bateaux seraient assurés d'avoir un fret pour le retour en Europe : le Pérou, la Bolivie – par les voies ferrées aboutissant à Antofagasta et Arica – et le Chili exportent des minerais de cuivre, de fer. Le Chili expédie également du blé, de l'avoine, des légumes secs, de la laine, du salpêtre. L'établissement d'un courant continu d'importation et d'exportation avec la France entraînerait le développement de notre industrie et de notre commerce, tout en faisant passer dans les mains de nos nationaux le commerce d'importation des produits provenant des pays de la côte du Pacifique. L'influence française dans les pays Sud-Américains en serait accrue.

De toute façon, force est de constater que l'Allemagne a établi, avant la guerre, une suprématie certaine en Amérique du Sud, car ses lignes transatlantiques étaient florissantes, elle a su installer de grands dépôts de marchandises dans les principales villes et des banques commanditant les maisons de gros, qui choisissent leurs détaillants sur place. Comme l'écrit Maurice Rondet-Saint, membre du Conseil supérieur de la marine marchande : « Le pavillon suit la marchandise. Rien n'est plus vrai, plus irréfutable. Et là où le pavillon cesse de dominer, il y a régression. Si le pavillon disparaît, il y a ou disparition ou réduction du mouvement économique à ce qu'on pourrait appeler le "point de refus minimum" : c'est-à-dire la limitation des échanges à l'extrême limite de ce qui ne peut ne pas être. »

En 1919, la question de l'autonomie des ports français n'a toujours pas été tranchée. Les grandes métropoles maritimes, de même que les ports secondaires, sont exiguës, ne se prêtent pas aux conjonctures à venir, et la jonction avec le rail reste insuffisante. Pourtant, la première ligne des Messageries maritimes sur l'Amérique du Sud fut instaurée en mai 1860, elle cesse ses activités dans les eaux sud-américaines en novembre 1912, et conserve tout au long de son fonctionnement une réputation de premier plan. Elle est remplacée par la Sud-Atlantique, une nouvelle compagnie. Mais, précise Maurice Rondet-Saint : « Le fait brutal est que, prise de court, la Compagnie Sud-Atlantique dut assurer son exploitation par des paquebots disparates ; quelques-uns, des ancêtres ; d'autres mal appropriés au service ; tous achetés en hâte sur les différents marchés. On attendait là-bas la nouvelle entreprise qui devait relever nos affaires maritimes en ces eaux. Quand on vit arriver ce capharnaüm de bateaux démodés, quelques-uns à bout de course, ce fut, parmi nos colonies et nos clients d'outre-Atlantique, une consternation. Pour comble, la mise en service de ces "macrobites des mers" comporta d'innombrables mécomptes. Se présentant du jour au lendemain dans les eaux sud-américaines pour y supplanter la vieille firme des Messageries maritimes, aimée, considérée pour l'ancienneté et la valeur de ses services, les nouveaux venus de la ligne françaises jetèrent, il ne faut pas craindre de le dire parce que cela est, sur notre pavillon, pendant les années qui ont précédé la guerre, un discrédit désastreux, profond et durable. Ceux qui n'étaient pas au courant des faits et des nécessités matérielles, c'est-à-dire l'immense majorité, attendaient avec impatience les nouveaux paquebots qui devaient nous rendre là-bas notre prestige et notre rang. Et, au lieu d'une renaissance de notre pavillon, c'est à son effondrement qu'on assistait. Ce fut, parmi nos compatriotes et nos amis transatlantiques, une consternation, je le répète. Quant à nos rivaux, à nos adversaires, à nos ennemis, on leur faisait la part vraiment trop belle. Et point n'est besoin d'insister pour que l'on conçoive la mesure et le succès avec lesquels la situation nouvelle fut exploitée contre nous. »

La compagnie s'équipe, en effet, de bateaux anciens, comme *Burdigala* qui consomme beaucoup de charbon, *Divona* et ses avaries de gouvernail, sans parler de la *Gascogne* qui fait un échouage, en attendant la livraison de nouvelles unités en novembre 1913, date à laquelle la compagnie dispose de deux grands paquebots transatlantiques, le *Lutetia* et le *Gallia*, présentés alors comme deux palais flottants pourvus de tout le confort moderne et possédant les perfectionnements les plus récents en matière d'architecture navale. Mais tous deux sont réquisitionnés pendant la guerre, le *Lutetia* sert de croiseur auxiliaire, son *sister-ship* le *Gallia* transporte des troupes avant d'être torpillé et coulé par un sous-marin allemand en 1916.

La Compagnie Sud-Atlantique connaît d'autres déboires, comme le rappelle Maurice Rondet-Saint : « Un ensemble de désastreuses conjonctures auxquelles certaines interventions ennemies ne furent peut-être pas étrangères firent de ces débuts, qui devaient rétablir nos affaires, un déplorable avatar. Les bateaux étaient splendides et faisaient honneur à nos couleurs. Une agitation parmi les équipages, agitation dont la source demeura, j'y insiste, suspecte, transforma ce qui devait être un grand succès pour nous en un échec grave. Les premières traversées du *Gallia* et du *Lutetia* furent l'objet d'une suite d'incidents qui, grossis par nos concurrents, connus de la haute société sud-américaine, et colportés dans tous ces milieux où les relations entre membres appartenant aux mêmes sphères sont étroites, jeta sur nos services un discrédit qui eût nécessité pour s'effacer du temps, une haute habileté dans l'exploitation et de gros efforts. » La guerre éclate : cinq des dix-neuf navires que compte la flotte sont envoyés par le fond.

Les résidents français soulignent d'autres problèmes, notamment dans le domaine bancaire, et proposent des solutions. En 1915, on évalue à 200 000 le nombre de Français résidant en Amérique du Sud, dont 80 000 en Argentine et 18 000 au Chili. Le 17 septembre 1915, le ministre des Affaires étrangères, Théophile Delcassé, écrit à M. Jullemier, ministre de France à Buenos Aires : « M. Pierre Baudin m'a entretenu de mesures qui seraient à envisager pour réparer le dommage qui a pu être causé à notre influence en République argentine par la défaillance de la Banque française du río de la Plata : il pense que le conseil d'administration constitué sur place, mêlé aux querelles locales, devrait faire place à un établissement légalement français, dont le siège serait à Paris, qui n'aurait à Buenos-Ayres qu'une gérance laquelle, assistée d'un comité local, recevrait de Paris ses directions. »

Pour le Comité d'études commerciales de Valparaíso, une banque française est à créer au Chili. « L'importance des affaires que la banque française trouverait à traiter avec les maisons françaises de Valparaíso, écrit le comité en juin 1915, peut s'évaluer d'après les chiffres suivants d'un relevé établi récemment : les 44 firmes françaises de Valparaíso, industries, maisons de gros et maisons de détail, ont plus de 28 millions de piastres de capital (22 millions de francs) ; avant la guerre, elles disposaient, en outre, d'un crédit estimé à 21 millions de piastres (17 millions de francs). Ces firmes avaient un mouvement annuel en banque de plus de 100 millions de piastres (80 millions de francs), et le total de leurs importations et exportations atteignait, avant la crise, 34 millions de piastres (27 millions de francs) par an. »

Louis Testart, en tant que membre de ce Comité, constate que, si l'Allemagne a autant développé son industrie dans les différents États, c'est parce que les banques allemandes établies en Amérique du Sud procurent des capitaux à leurs nationaux, tandis que les commerçants français n'ont aucun établissement français qui puisse les aider. Louis Testart ne s'est pas contenté de fonder à Valparaíso une maison de commerce. En 1918, il devient le représentant exclusif au Chili de la Société anonyme des ateliers d'aviation Louis Breguet. Quelques années plus tard, en 1927, il crée, après avoir rencontré de nombreux problèmes financiers, la Compañia de Aeronavigación Sudamericana, première ligne régulière aérienne du Chili entre Santiago et Valparaíso. Mais l'aventure se termine, en septembre 1928 : après un accident d'avion survenu en mars et la fermeture pendant quelques mois de la ligne, la concession lui est retirée.

Le port de Valparaiso, 1918.

L'œuvre des congrégations religieuses

Lors de ma seconde mission, le ministère des Affaires étrangères me demande de m'intéresser à l'œuvre accomplie par les religieux français installés en Amérique du Sud. Un état des lieux, en quelque sorte. C'est ainsi qu'après mon retour, le 18 mars 1920, je donne, à Paris, sur ce thème une conférence à laquelle assiste Mgr Baudrillart. Le lendemain, on lisait dans le journal *La Croix* :

« Le conférencier nous montra les congrégations françaises jouant depuis cent ans un rôle de plus en plus prépondérant dans la formation même des esprits et des cœurs de tout le continent. Il les montra multipliant les établissements d'instruction, les œuvres de toutes sortes, faisant prévaloir, malgré des difficultés inouïes, notre civilisation, nos idées, notre langue, nous faisant aimer, presque comme malgré nous, et surtout malgré les intrigues incessantes de la propagande allemande. Avec des statistiques bien différentes des statistiques officielles qui semblent avoir pris à tâche de diminuer, de taire un magnifique effort français, il prouve l'admirable activité de nos moines et de nos religieuses partout répandus dans les États de l'Amérique du Sud, parce que partout appelés, en raison de leur bienfaisante influence.

« Hélas ! Pourquoi faut-il que la politique sectaire de nos gouvernements d'avant-guerre menace gravement une telle œuvre ? Et cependant, c'est un fait, nos congrégations de missionnaires ne peuvent plus, de par la loi, se recruter en France. Elles tendent, outre-mer, à devenir cosmopolites et, par suite, à perdre leur fécond rayonnement d'autrefois. Déjà, de vigoureuses campagnes tendent à empêcher notre langue de rester officiellement la première langue étrangère obligatoire dans les établissements d'instruction. »

Des congrégations françaises sont installées depuis un siècle en Amérique du Sud. En 1810, quelques Lazaristes, appelés par le gouvernement brésilien, fondent à Caraça une humble maison, premier centre d'où ne tarde pas à rayonner l'influence française : en 1847, par exemple, une nouvelle mission de Lazaristes et de Filles de la charité est appelée dans le diocèse de Mariana, la plus vieille ville de l'État du Minas Gerais. Les sœurs fondent un pensionnat et un petit hôpital. La congrégation des Sacrés-Cœurs (Picpus) s'est établie au Chili en 1837. Dès l'année suivante, les pères ouvrent un collège et une école gratuite à Valparaíso.

En septembre 1856, le père Barbé, alors directeur du collège de Bétharram dans les Basses-Pyrénées, avec quatre autres pères, deux frères et un jeune étudiant, qui deviendra le père Magendie, supérieur du collège San José de Buenos Aires, embarque sur l'*Étincelle*, un trois-mâts. Le voyage est mouvementé. Les passagers, dit-on, durent pêcher eux-mêmes leur friture. Et dans la nuit qui précéda leur arrivée à Buenos Aires, ils essuyèrent une tempête encore plus violente que les précédentes.

Les gouvernements multiplient les appels. Douze Sœurs de la charité s'embarquent au Havre, sur le *Racine*, le 21 juillet 1859, et parviennent à Buenos Aires le 14 septembre. Elles sont accueillies par un important cortège composé de représentants de l'évêché, de la municipalité, de la Société de bienfaisance, assistent à un *Te Deum* célébré dans la cathédrale, avant de rejoindre, situé alors près de l'église Saint-Elme, l'hôpital qui comptait quatre cent cinquante malades. En 1861, pendant la guerre contre la province de Buenos Aires, qui s'est séparée de la confédération, elles secourent les blessés et participent à la formation d'hôpitaux de campagne. Quatre ans plus tard, elles organisent des ambulances lors de la guerre opposant l'Argentine, le Brésil et l'Uruguay au Paraguay.

Au début du XXe siècle, la séparation de l'Église et de l'État multiplie le nombre de départs vers l'Amérique latine, les congrégations n'ont plus l'autorisation juridique d'exister légalement. Paradoxalement, alors que les religieux sont expulsés de France par le ministre de l'Intérieur, le ministre des Affaires étrangères, Théophile Delcassé, les recrute pour servir l'intérêt de la France à l'étranger, et notamment en Amérique du Sud. Au Venezuela, par exemple, l'Alliance française, appuyée par M. Wiener, ambassadeur de France auprès du gouvernement du général Cipriano Castro, entreprend des démarches pour que les Fils de Marie Immaculée puissent venir y enseigner.

Tout au long du XIXe siècle et au début du XXe, on assiste à une forte émigration des Européens. Des artisans, des commerçants, des viticulteurs basques, béarnais, gascons... partent en Amérique du Sud. C'est ainsi que trois de nos poètes sont nés à Montevideo : Isidore Ducasse, plus connu sous le nom de comte de Lautréamont, Jules Laforgue et Jules Supervielle.

Les émigrés, quand ils n'envoient pas leurs enfants étudier en France, souhaitent qu'ils suivent les cours des enseignants chassés de France. C'est ainsi que le père Benjamin Honoré fonde en 1905, à Caracas, le collège français, dirigé par les Fils de Marie Immaculée. L'enseignement du français est dispensé dans toutes les classes, cinq heures par semaine. À partir de l'avant-dernière classe, ce qui correspond à notre première, la grammaire, l'arithmétique, les méthodes sont enseignées en langue française. En terminale, la philosophie, les sciences et les mathématiques le sont également. La plupart des établissements sont très fréquentés. Le collège de La Salle, à Buenos Aires, ouvre ses portes en 1891 ; cinq ans plus tard, il compte déjà sept cents élèves. Les locaux devenant trop exigus, les frères ont l'opportunité d'acheter un bel édifice, situé sur la rue Río Bamba dans lequel ils s'installent en 1898. À l'entrée, un vaste hall, suivi de la chapelle ; de chaque côté, des cours plantées d'arbres et entourées de salles que relient de larges galeries. Au sous-sol, une salle des fêtes pour les élèves, les cuisines et les réfectoires.

Mais, lors de mes deux séjours, je constate que ce rôle prépondérant est en passe de nous échapper, Dans les écoles dont la direction n'est pas française, l'enseignement de l'anglais est préféré. Les raisons sont diverses, notamment la présence insuffisante de notre marine marchande. Le commerce se fait surtout avec les Anglo-Saxons, et l'anglais apparaît comme la langue des affaires. Par ailleurs, le nombre de religieux français diminue puisque la loi empêche nos congrégations de recruter en France, de remplacer les religieux mobilisés ou tués au combat. Les congrégations établies en Amérique du Sud deviennent cosmopolites et sont donc moins soucieuses de faire connaître la France.

Les congrégations sont diverses : les Pères de la Compagnie de Marie, les Eudistes, les Lazaristes, les Pères de Bétharram, du Saint-Esprit, la congrégation des Sacrés-Cœurs (de Picpus), les Rédemptoristes, les Assomptionnistes, les Salésiens, les Barnabites, les Pères de Chavagnes (ou Fils de Marie Immaculée), les Frères de la doctrine chrétienne, des écoles chrétiennes. Les Pères de Garaison, appelés aussi Pères lourdistes, fondent dans le nord-ouest de l'Argentine, à Tucumán et à Catamarca, un grand séminaire ; le père Auguste Barrère, après avoir créé, à Tucumán, le collège Sagrado Corazon, deviendra évêque de ce diocèse.

Les religieuses sont tout aussi nombreuses : les Sœurs de Saint-Vincent-de-Paul, de Saint-Joseph de Tarbes, de Cluny, les Sœurs de la providence, de la charité, du bon pasteur, les Petites Sœurs des pauvres, les religieuses du Sacré-Cœur de Jésus, les Sœurs de l'Enfant Jésus, les Marianistes (ou Filles de Marie Immaculée)...

Mon rapport concerne, plus particulièrement, le Venezuela, la Colombie, l'Équateur, le Pérou, la Bolivie, le

Chili, l'Argentine et les Grandes Antilles. La plupart des congrégations ont été appelées par les gouvernements. C'est le cas des Lazaristes et des Filles de la charité ou Sœurs de Saint-Vincent-de-Paul, établis au Pérou en 1857. Avant la guerre de 1870, les Lazaristes fondent en Équateur des maisons à Quito, Guayaquil, Riobamba, Ibarra, à la demande du président Gabriel García Moreno. En 1875, le gouvernement départemental de Nariño, en Colombie, fait appel aux Frères des écoles chrétiennes pour leur confier la direction des établissements d'éducation, aussi bien à San Juan de Pasto qu'en province. En 1911, le gouvernement du Nicaragua leur demande de venir créer un institut pédagogique qui ouvrira en mars 1912.

Le gouverneur de Talcahuano, l'un des ports les plus importants du Chili, souhaite, dans les années 1880, que des Sœurs de Saint-Vincent-de-Paul viennent y établir un hôpital destiné à soigner les marins et les ouvriers étrangers qui travaillent dans les mines de charbon. Les Sœurs de Saint-Joseph de Tarbes sont appelées au Venezuela, en 1889, par le gouvernement de Juan Pablo Rojas Paul qui leur confie, à Caracas, la direction de l'hospice de la Bienfaisance, celle de l'hôpital Vargas, de l'asile des aliénés et de l'hôpital militaire. En mars 1891, à la demande de l'archevêque de Caracas, elles fondent l'*internado* de San José de Tarbes, mais l'exiguïté du local ne permet d'y recevoir que quarante pensionnaires. En août 1902, en vertu d'un contrat passé avec le gouvernement du Venezuela, et valable cinquante ans, le pensionnat est transféré au Paraíso et compte, quand je m'y rends, cent quatre-vingts élèves, dont cent trente-trois pensionnaires. L'immeuble est cédé gratuitement par l'État qui paie, en outre, une trentaine de bourses.

D'autres congrégations répondent à l'invitation d'un représentant de l'Église comme les trois religieuses du Sacré-Cœur de Jésus qui, en septembre 1853, à la demande de Mgr Rafael Valentín Valdivieso, arrivent à Santiago pour instruire les jeunes Chiliennes. En mars de l'année suivante, elles ouvrent, rue San Isidro, le premier collège du Sacré-Cœur de Jésus au Chili. Dès 1861, elles inaugurent un nouvel établissement dans la rue Maestranza. En une trentaine d'années, elles créent des écoles gratuites, des collèges privés et des écoles normales à Santiago, Talca, Concepción, Chillán, Valparaíso, mais aussi à Lima et Buenos Aires. Sur proposition du président Manuel Montt, elles mettent en place la première école normale destinée à former des institutrices auxquelles confier l'éducation des filles dans les écoles publiques. Inutile de préciser que ces trois sœurs ont relevé un défi : elles ont dû apprendre l'espagnol, s'imprégner de la culture chilienne et adapter leur enseignement aux besoins du Chili. Pendant les trente années où elles furent en charge des écoles normales, elles formèrent quelque cinq cents institutrices.

Les activités de ces congrégations sont diverses : si l'on prend l'exemple des Sœurs de charité dominicaines de la présentation de la Sainte Vierge de Tours, on ne peut le nier. Sollicitées par le gouvernement colombien, six sœurs venues de France sont installées à l'hôpital Saint-Jean-de-Dieu, à Bogotá, le 21 janvier 1873. Très rapidement est ouvert un noviciat et les vocations se multiplient. En 1902, appelées au Chili par les évêques de Concepción, de la Serena et par le gouverneur de Parral, elles œuvrent, tout d'abord dans les hôpitaux, avant de fonder des établissements scolaires dès qu'elles maîtrisent la langue du pays. En 1917, soit quarante-quatre ans après leur arrivée, ces sœurs de charité possèdent cent six maisons qui comprennent des œuvres diverses : écoles publiques, écoles professionnelles, pensionnats, orphelinats, hospices d'enfants trouvés, hôpitaux, cliniques, dispensaires, maternités, dépôts de mendicité, asiles d'aliénés, léproseries, et même des asiles pour les veuves que des revers de fortune ont plongées dans la nécessité ; elles y sont logées avec leurs jeunes enfants, on leur distribue chaque jour des portions de pain, et chaque semaine un peu de farine, de riz, de charbon... Certaines congrégations, comme le Saint-Cœur de Marie, la Sainte Famille, organisent l'œuvre du fourneau (*olla de los pobres*), une cuisine populaire pour distribuer de la soupe, divers aliments aux familles les plus démunies et aux enfants des écoles.

À Valparaíso, en 1878, les Sœurs de Notre-Dame de Lourdes ouvrent une école mixte pour recevoir les enfants refusés dans les écoles du gouvernement en raison de leur extrême pauvreté. En certains lieux – à Valparaíso, dès 1896 –, des crèches sont ouvertes de sept heures du matin jusqu'au soir et accueillent des enfants âgés de quatre mois à quatre ans, afin de permettre aux mères de famille de travailler. Hélas ! Il arrive aussi, comme ce fut le cas le 16 août 1906, à Valparaíso, qu'un tremblement de terre détruise bon nombre d'asiles, de collèges, de bâtiments appartenant à diverses congrégations, ou la belle pharmacie de l'hôpital San Agustín, construite l'année précédente.

Toutes ces actions peuvent se développer grâce aux philanthropes qui n'hésitent pas à apporter leur secours. À Buenos Aires, des négociants mettent tout en œuvre pour que les Filles de la charité disposent d'un local plus grand : elles ne peuvent accueillir que douze malades. Un bazar est même ouvert ; les bénéfices permettent de construire d'autres salles et de recevoir quatre-vingts lits. C'est ainsi qu'est fondé l'hôpital français. Mme Stanislas de Anchorena, dont la famille fait partie des plus grands propriétaires terriens, donne le terrain sur lequel s'élèvera la Maison de la providence. Le collège Saint-Joseph, fondé par les Pères de Bétharram, n'est qu'une pauvre demeure fort incommode, quand le père Barbé en ouvre les portes le 19 mars 1858. La première nuit fut éclairée par une seule chandelle fixée sur le goulot d'une bouteille vide, et le souper se composa de pain dur et de confiture. Un constructeur d'origine basque, dont les fils suivaient les cours du collège, M. Idiart, offrit d'acheter un terrain de 2 000 mètres carrés et d'y construire un établissement, ne voulant être remboursé que si cela devenait possible, dans un avenir incertain. Il dirige lui-même les travaux, et, un an plus tard, le 19 mars 1859, à la fête de la Saint-Joseph, le nouveau collège ouvre ses portes. Ce bâtiment, que l'on appela, dès le début du XXe siècle, « l'historique collège des Pères bayonnais » est devenu, par décret en août 1998, monument historique national. Il faut dire qu'il a tout d'une relique du passé, avec son aspect moyenâgeux, ses créneaux, ses tourelles, sa chapelle gothique.

Toujours à Buenos Aires, le docteur Plácido Marín, dans une de ses propriétés, fonde le collège Carmen Arriola de Marín, auquel il donne le nom de sa mère. Le collège est inauguré le 14 mai 1912, en présence du président de la République, Roque Sáenz Peña. L'établissement, qui comporte un pensionnat, est magnifiquement situé sur les bords du río de la Plata.

Enfin, sans vouloir multiplier les exemples, mais afin de montrer que l'enseignement est une priorité dans ce pays neuf où il existe au début du XXe siècle, à Buenos Aires, cinq lycées de garçons et un autre de filles, évoquons encore le collège San Mauricio, construit, dans cette même ville, en 1880, sur ses terres, par le docteur Mauricio González Catán ; et la vaste école d'agriculture édifiée non loin de là, grâce à Ema et Justa Armstrong, destinée à l'éducation gratuite d'enfants pauvres qui pourront recevoir un enseignement primaire et une formation agricole ; l'enseignement est confié aux frères de La Salle. Ema et Justa sont les descendantes du Britannique Thomas Georges Armstrong, installé en Argentine dans les années 1820. Son habileté pour le commerce est rapidement remarquée, et il deviendra le directeur de la Banque de la province de Buenos Aires.

En trente ans, Buenos Aires connaît une explosion démographique. En 1880, la ville comptait quelque 280 000 habitants ; en 1914, elle est devenue la seconde capitale du monde latin avec un million et demi d'habitants. Émigrants, industriels, commerçants, banquiers sont venus la peupler. Des curés ont, à Buenos Aires, sous leur juridiction, 60 000 à 80 000 paroissiens. Le concours, apporté au clergé séculier par diverses congrégations religieuses venues de l'étranger, fut donc apprécié, pour ne pas dire indispensable. D'Allemagne sont venus les Rédemptoristes, d'Espagne ou d'Italie, les Jésuites, de France les Lazaristes, les Pères du Saint-Sacrement, les Pères de Bétharram... Ces derniers s'intéressent surtout aux paroisses et aux missions basques. Les Basques gardent, plus que les autres émigrés, leurs traditions, leur langue. Les Pères de Bétharram les visitent dans les *estancias*, tandis que les pères capucins du Guipúzcoa et les servantes de Marie d'Anglet se dévouent à la ville et aux champs auprès des Euskariens. Les congrégations hospitalières ou charitables travaillent dans les hôpitaux, aident les œuvres de bienfaisance, les sociétés des dames de charité qui confectionnent et distribuent des vêtements, de la nourriture. Les émigrants pauvres sont légion.

Au Chili, parmi les donateurs qui mettent à disposition une maison, un parc, un terrain, une place à part est à accorder à Juana Ross Edwards (1830-1913), fille du consul écossais David Ross Gillespie : elle épouse son oncle Agustín Edwards Ossandón, fondateur, en 1867, de la banque la plus ancienne du Chili, Banco de A. Edwards. Elle fait construire, en divers lieux, trois hôpitaux, six asiles, un orphelinat, un hospice, les sanatoriums Edwards de los Andes et de Peñablanca, et de nombreuses écoles, comme l'école primaire Arturo Edwards fondée en 1893 à Valparaíso, et fréquentée en 1918 par près de quatre cents élèves, ou encore le collège commercial Agustín Edwards. En 1892, elle restaure, à Valparaíso, un orphelinat détruit par un incendie.

En 1880, lors de la guerre avec le Pérou et la Bolivie, le gouvernement fait bâtir cinq salles en bois attenantes à l'hôpital Saint-Jean-de-Dieu (San Juan de Dios) pour y recevoir les blessés les plus gravement atteints. Juana Ross Edwards fait un don à l'hôpital de Valparaíso afin de construire et d'aménager une salle destinée aux officiers que la gravité de leurs blessures ne permet pas de transporter jusqu'à Santiago, et afin de pourvoir aux soins des malades et à leur nourriture. Juana Ross Edwards a marqué l'histoire locale et nationale parce qu'elle est aussi à l'origine de nombreuses organisations de service public. Son fils Arturo (1861-1889) n'est pas moins philanthrope. Il équipe, en 1889, l'hôpital de Concepción d'une laverie et fonde un orphelinat à Copiapó.

Il arrive aussi qu'en période d'épidémie soient édifiés quelques baraquements servant de lazaret où les sœurs de diverses maisons soignent les malades. Il en est ainsi en 1884 et 1891 au Chili lors d'une épidémie de petite vérole – ou variole -, désignée aussi parfois sous le nom de peste. On compte souvent plusieurs victimes parmi les sœurs, comme en 1867, lors de l'épidémie de choléra à Buenos Aires. Mais ce ne fut rien en comparaison de la fièvre jaune qui sévit dans cette même ville, quatre ans plus tard. On déplora, en quatre mois, quelque 30 000 victimes. Plusieurs religieuses contractèrent la maladie au chevet des malades.

Les religieuses sont souvent appelées dans les hôpitaux comme à Copiapó où les Sœurs de la providence sont attendues en février 1860. Très vite, elles participent à la création d'un dispensaire pour désengorger l'hôpital en soignant les maladies peu graves. En 1865, plus de 20 000 indigents reçoivent des remèdes et des secours. Mais, en 1866, en raison du blocus des ports du Chili par les Espagnols, l'hôpital est bientôt privé des vivres nécessaires. La supérieure, accompagnée du consul français et de l'administrateur, se rend à bord de la frégate espagnole, *Blanca*, commandée par le héros de la guerre du Pacifique, Juan Bautista Topete y Carballo. Elle sollicite des vivres pour l'hôpital et les pauvres de Copiapó. Non seulement elle est bien accueillie, mais les Espagnols lui font remettre de la farine, des légumes secs, etc., ne voyant dans sa demande qu'une démarche de charité, indépendante de toute considération politique. En 1915, par suite de quelques difficultés, la communauté envisage de retirer les sœurs, quoique à regret, de cet hôpital. « Dans ce pays de mines où les pauvres ne craignent ni Dieu ni l'enfer, disant qu'ils y sont déjà dans les mines, il peut se faire un peu de bien quand la maladie les amène à l'hôpital », m'explique-t-on. Le député du département et l'évêque de la Serena interviennent en personne pour que les sœurs puissent rester. Les supérieures demandent alors que soient respectées les clauses du traité de fondation.

Certains hôpitaux où les sœurs sont appelées sont dans un état déplorable. En 1863, quand elles arrivent à San Fernando, capitale de la province de Colchagua, les pauvres préféraient mourir dans leurs huttes en terre. La situation n'était guère meilleure à Chillán, dans la région del Biobío : l'hôpital est dépourvu de linge, de literie, les malades dorment sur de la paille, souvent sans chemise, l'un a même une pierre comme oreiller. Entre 1897 et 1905 sont ouvertes deux salles – l'une pour les hommes et l'autre pour les femmes –, une salle d'opération, une maternité, une crèche. En 1910, l'électricité remplace les lampes à pétrole : des moteurs sont installés dans la buanderie.

Les Filles de la charité arrivent à Talca en mai 1867. Les premiers mois sont très pénibles en raison de l'humidité, de la vermine, de l'absence d'eau, de bras, de mobilier. Les sœurs organisent une quête auprès des riches propriétaires du pays, et peuvent ainsi assainir des salles, acquérir du mobilier, construire un fourneau et une cuisine, amener l'eau du puits jusqu'au lavoir. Dès l'année suivante, l'hôpital fonctionne. Lors de l'épidémie de fièvre jaune, en 1869, les religieuses louent une petite maison dans le faubourg pour servir de lazaret. En 1885, leurs conditions de travail s'améliorent car les malades sont transportés dans un hôpital tout neuf, mais inachevé. Quatre ans plus tard, elles bénéficient de l'éclairage au gaz, d'une buanderie comportant des machines françaises, d'une pharmacie pourvue de médicaments. Elles auront aussi de l'eau potable dans tout l'établissement. Mais le tremblement de terre de 1906 endommage fortement l'hôpital ; celui de 1908 achève de le détruire.

On ne peut nier le rôle joué par les religieux français. À Bogotá, par exemple, ils ont ouvert six établissements : l'un est un pensionnat d'enseignement secondaire classique et moderne, comprenant plus de quatre cents élèves, délivrant annuellement douze à quinze baccalauréats ; les jeunes bacheliers entrent, pour la plupart, à l'école d'ingénieurs, à la faculté de droit ou de médecine. L'École centrale des arts et métiers, entretenue par l'État, compte 250 élèves et dispense en quatre ans des cours de géométrie analytique, de calcul infinitésimal, de technologie industrielle, d'électricité, de mécanique théorique et pratique, de topographie, chimie industrielle, dessin technique et architecture.

Les machines et appareils sont de fabrication française, ils sortent des Forges de Vulcain et des ateliers Morin et Ducretet. Eugène Ducretet a fondé sa maison en 1864 afin de produire des instruments de précision pour la science et pour l'industrie ; il crée des appareils de physique complexes pour les physiciens les plus célèbres de son temps : Jules-Antoine Lissajous, « qui rendit visible le son », Joseph-Charles d'Almeida qui, en 1873, crée la Société française de physique, Claude Bernard, Pasteur... Certains appareils fabriqués par les ateliers Ducretet deviennent réglementaires dans la Marine française. Connaître les machines françaises, leur maniement, le nom des fournisseurs n'est pas neutre : devenus contremaîtres ou directeurs d'usines, les anciens élèves demanderont à l'industrie française de leur fournir l'outillage dont ils auront besoin.

À l'École normale supérieure, les étudiants sont admis dès l'âge de quinze ans pour un cursus de six années leur permettant de devenir inspecteurs de l'enseignement primaire, professeurs et directeurs de collèges. Les livres et les méthodes des Frères des écoles chrétiennes sont adoptés par nombre d'établissements. « C'est le triomphe des méthodes françaises sur les méthodes allemandes ou suisses », note frère Hélion, visiteur des Frères des écoles chrétiennes en Colombie, dans le dossier qu'il m'adresse en juin 1917.

Un certain nombre d'anciens élèves, qui ont suivi leur cursus dans des écoles dirigées par des religieux français, sont entrés dans les ordres et sont devenus prêtres, évêques, comme Mgr Valentín Ampuero, évêque de Puno, au Pérou, ou Mgr Emilio Lissón, archevêque de Lima. Mathurin Jehanno, provincial des Pères eudistes en Colombie, m'écrit : « Là où le clergé est formé par des pères français notre influence domine. Aujourd'hui on voit que nul champ d'action n'est plus favorable que les séminaires pour développer l'influence française. » C'est pour cela que Mgr Bernardo Herrera, qui devint évêque de Medellín, et, plus tard, archevêque de Bogotá, se rappelant ses maîtres français, les Pères sulpiciens, affirmait que la France était sa seconde patrie.

D'autres élèves occupent, à la fin de leurs études, des postes dans la jurisprudence, la médecine, le commerce, l'industrie, l'enseignement universitaire. Parmi les anciens du collège Saint-Joseph à Buenos Aires, se sont illustrés brillamment Hipólito Yrigoyen qui fut président de l'Argentine à deux reprises, le naturaliste, anthropologue et explorateur Francisco Pascasio Moreno, plus connu sous le nom de Perito (l'expert) Moreno : il explore notamment la Patagonie ; Florentino Ameghino, paléontologue et anthropologue ; l'avocat et homme politique Luis María Drago ; l'historien et diplomate José María Rosa...

La congrégation du Saint-Esprit crée à Port-au-Prince le petit séminaire collège Saint-Martial, qui possède la plus ancienne bibliothèque d'Haïti grâce au père Daniel Weick ; elle date de 1873. Le collège est également doté, en 1878, de la première station météorologique de l'île et du seul musée jusqu'en 1904. Pour ne citer qu'eux, ont suivi les cours de cet établissement le poète, écrivain et diplomate haïtien, Charles Moravia, né en 1875 et nommé, en 1919, ministre plénipotentiaire aux États-Unis, en poste à Washington ; Louis Borno, né en 1865 à Port-au-Prince, fut président de la République d'Haïti de 1922 à 1930.

S'il était besoin de prouver l'influence des religieux et de leur enseignement, il suffirait de lire un article paru dans *El Mercurio* en septembre 1878, à l'occasion du départ à la retraite du frère Marcien Darteil qui a dirigé, pendant trente-deux ans, une école gratuite à Valparaíso :

« La municipalité vient de remplir un devoir de justice en accordant une distinction honorifique au père Marcien Darteil, religieux de la congrégation des Sacrés-Cœurs. Après les paroles émues dans lesquelles M. l'intendant a retracé en termes si justes les services éminents dont Valparaíso est redevable au père Marcien, il nous reste peu de chose à dire à la louange de ce digne instituteur. Le père Marcien, au point de vue de l'institution, n'est étranger à aucune des branches du savoir humain, et il a en même temps un talent remarquable d'organisation, qui sait même se tracer des routes nouvelles, comme il l'a prouvé dans la direction de son établissement, institution modèle, qui a servi de type à toutes les écoles qui se sont établies successivement à Valparaíso... C'est lui qui, en ouvrant, le premier, des cours pour les adultes, a été l'initiateur de ce beau mouvement qui pousse aujourd'hui les classes laborieuses à rechercher avec une noble ardeur les précieux bienfaits de l'instruction. »

Les orphelinats ont un rôle important. Les ateliers de Saint-Vincent à Santiago accueillent un peu plus de trois cents élèves. Les orphelins peuvent y apprendre différents métiers : mécanique et serrurerie, fumisterie, fonderie, carrosserie, ébénisterie, sculpture sur bois, typographie, marbrerie et modelage. À la fin de leur apprentissage, les enfants reçoivent un salaire dont la moitié leur est remise pour leur entretien et l'autre moitié versée en leur nom à la Caisse d'épargne. Le montant des sommes placées avec les intérêts est remis à l'élève à sa sortie de l'orphelinat, s'il n'a pas été renvoyé ou s'il ne s'est pas retiré avant l'âge de dix-sept ans et s'il a au moins six ans de séjour dans la maison. Dans le cas contraire, la somme est répartie entre les camarades du même atelier.

Lors de cette enquête, j'ai noté également les besoins exprimés par divers établissements. En Colombie, les Sœurs de la charité aimeraient recevoir des cartes de France et une collection de tableaux spéciaux pour l'enseignement de la langue française. Les lazaristes, en Équateur, souhaiteraient qu'on leur envoie de beaux livres afin de favoriser l'enseignement du français, et des médailles d'or et d'argent ou d'argent doré, pour récompenser les élèves en fin d'année. Par ailleurs, la guerre a privé les établissements de biens nécessaires à la vie courante (vêtements, chaussures, conserves) et à la construction (des métaux, notamment : zinc, fer, cuivre).

Pour de nombreux supérieurs, il est urgent que d'autres membres de leur congrégation ou des enseignants français se joignent à eux. Dans la plupart des établissements, le français est la langue officielle, les élèves doivent le parler pendant les récréations et quand ils s'adressent au personnel religieux. Au Chili, dans les instituts commerciaux fondés par les Frères des écoles chrétiennes, qui ont toute liberté pour organiser les cours, le français est placé sur le même pied d'égalité que le castillan ; dans les collèges secondaires, il est choisi comme première langue étrangère. La demande de personnel supplémentaire est d'autant plus pressante en 1918, que la guerre n'a pas épargné les Français et les religieux vivant en Amérique du Sud. En 1916, les Frères des écoles chrétiennes doivent fermer le collège d'enseignement secondaire qu'ils ont ouvert à Santiago en 1894, et qui comptaient plus de quatre cents élèves, car la majorité du personnel enseignant, composé de frères âgés de vingt-cinq à quarante ans, s'est embarquée pour la France. Pour 3 545 élèves, répartis dans divers établissements, les Frères des écoles chrétiennes comptent, en 1918, au Chili, cent vingt-quatre religieux enseignants, dont quatre-vingt-treize de nationalité française, et trente-et-un laïques.

Le directeur du collège religieux français de Santiago, qui fait partie de la congrégation des Sacrés Cœurs de Jésus et de Marie, m'écrit le 21 avril 1917 :

« Je suis heureux que le ministère des Affaires étrangères comprenne enfin l'importance qu'il y a à ce que les maisons mères des congrégations enseignantes reviennent en France afin d'assurer le recrutement de leur personnel dans des éléments français, et pouvoir de la sorte faire une propagande profitable.

« Il faudrait poser cette question du collège français. À ce sujet, je dois vous dire que, par l'intermédiaire de notre ministre, j'ai fait parvenir à M. Briand[18], qui avait été intéressé à la question, un rapport concluant à l'urgence de la résoudre sans retard, tout en lui faisant connaître le développement considérable des collèges allemands au Chili où je compte plus de quarante collèges ou écoles recevant des subventions du gouvernement allemand.

« Je conseille la fondation de deux établissements d'enseignement à Santiago, à l'instar des Allemands : un ecclésiastique (en opposition à celui tenu par les Frères allemands du verbe divin) pour les études d'humanité, et l'autre laïque (les Allemands en ont un aussi), avec un programme d'études préparant les élèves au commerce et à l'industrie. »

De mon côté, je suggère que l'on pourrait enseigner le portugais en France, créer, dans les grandes villes du Brésil et de l'Argentine, des maisons de famille qui seraient le complément des écoles françaises pour les Brésiliens ou les Argentins désireux de suivre des cours les préparant aux examens français. Nabuco de Gouvêa, rencontré sur le *Garonna*, ne m'a-t-il pas affirmé : « J'ai dit à Joseph Caillaux, à Pierre Baudin, à Clémenceau, que la question fondamentale, si la France veut avoir une influence au Brésil, est celle de l'enseignement catholique par les religieux français. » Avant

---

[18] A. Briand est alors président du Conseil et ministre des Affaires étrangères.

de descendre du bateau à Montevideo, tapant sur la balustrade du pont, il m'a répété que les œuvres de Victor Hugo, d'Alexandre Dumas, de Zola, de Loti, sont lues au Brésil, qu'il faudrait créer un vrai lycée français et une école de très hautes études. « Dites dans votre rapport que j'ai affirmé énergiquement que la question fondamentale est là. »

Le député Nabuco de Gouvêa, dont Claudel a dit qu'il était « un ardent et sûr ami de la France », a-t-il été entendu ? Le 24 mai 1919, lorsque Lucien Poincaré, vice-recteur de l'Académie de Paris, reçoit, à la Sorbonne, Epitacio Pessôa, président de la République des Etats-Unis du Brésil, il souligne l'attrait des Français pour le Brésil et ajoute : « Nous espérons perfectionner le lycée français de Rio de Janeiro [...], ouvrir bientôt un autre lycée à São Paulo, et encore un autre à Porto-Alegre. »

Par ailleurs, je déplore que les ministres français soient mutés si fréquemment. Mutés pour deux ans, ils mettent sept ou huit mois à s'initier à quelques questions, puis préparent leurs malles pour un nouvel exode. Pour s'en persuader, il suffit de reconstituer la carrière de Louis Mouttet, né à Marseille en 1857 et mort à Saint-Pierre lors de l'éruption de la montagne Pelée, le 8 mai 1902. En mai 1887, Louis Mouttet devient chef du secrétariat du gouverneur du Sénégal ; en mai 1889, directeur du cabinet du gouverneur général de l'Indochine ; en 1892, directeur de l'Intérieur à la Guadeloupe ; en 1894, il exerce les mêmes fonctions au Sénégal ; le 14 mai 1896, il est nommé gouverneur de 4e classe en Côte d'Ivoire ; le 23 mai 1898, gouverneur de 3e classe à la Guyane ; et le 18 janvier 1901, gouverneur à la Martinique. Si l'on déduit le temps des traversées et des congés, comment ces fonctionnaires peuvent-ils, même s'ils sont dévoués, agir vraiment dans les lieux où ils sont nommés, alors qu'ils ne sont que de passage !

Il faudrait adopter, pour la nomination des agents diplomatiques, le système allemand. Quand un ministre est changé, le secrétaire de la légation ne l'est pas : il occupe son poste sous le mandat de plusieurs ministres. Au courant des affaires du pays, des intérêts commerciaux de ses ressortissants, il peut renseigner le nouveau ministre dès son arrivée, sans compter les relations qu'il crée pendant une longue résidence. Dans les grands ports il serait judicieux de confier le consulat à des commerçants honorables, retirés des affaires, donc parfaitement au courant du commerce, de la langue, des us et coutumes. Nos chanceliers français de légation ne sont que des expéditionnaires. Qui plus est, leur situation modeste ne leur permet guère de frayer avec la bonne société, très fermée en Amérique du Sud.

En outre, il faut cesser de considérer les légations comme des postes de second ordre, apparentés à des stages brefs, voire, dans certains pays, à des disgrâces. Il y faut des ministres entreprenants, qui n'ont pas peur des responsabilités. Dans un grand pays comme l'Argentine, on remplace un excellent ministre par l'ex-consul de Barcelone ! Quelle que soit la valeur de celui-ci, le monde gouvernemental argentin se sent humilié : on semble, par cette nomination, le traiter comme un petit pays. À Santiago du Chili, les États-Unis ont un ambassadeur. À Valparaíso, en face des consuls généraux des États-Unis et de l'Angleterre, nous n'avons qu'un simple consul, et c'est la ville la plus importante du Chili. À Colón, en face des beaux gaillards américains, nous avons un pauvre agent consulaire qui a la danse de Saint-Guy !

C'est pour cela que l'annonce de l'arrivée de Paul Claudel à Rio de Janeiro est saluée comme une heureuse nouvelle, même par le journal *Diário Oficial da União*, qui ne montre pourtant pas de grande sympathie pour la France, la plupart de ses rédacteurs étant ouvertement germanophiles. Le journal *La Croix* du samedi 28 avril 1917 publie une « Lettre du Brésil », datée du 20 février et signée C. Ribeiro, dont voici le début :

« La France vient de prendre une résolution qui lui gagnera bien des cœurs au Brésil. Au moment où les revues et les journaux catholiques germanophiles continuaient à répéter leurs attaques insensées à la France et à son gouvernement, propageant les nouvelles les plus invraisemblables, comme, par exemple, celle de onze évêques français sous les drapeaux, sans que son représentant à Rio de Janeiro, un calviniste, osât faire la moindre chose pour faire cesser cette infâme campagne, à ce même moment le gouvernement français a su faire un geste de belle politique en nous envoyant M. Paul Claudel pour être à la tête de la légation française de Rio. Certes, il serait maintenant malaisé pour les germanophiles de prouver que la France est toujours la même nation sectaire et que l'union sacrée est un vain mot. »

Pourquoi les agents diplomatiques n'encouragent-ils pas davantage les œuvres françaises. Qu'ils se remémorent les mots de l'écrivain et diplomate argentin, Enrique Larreta : « Il faut le dire bien haut, l'éclosion de notre prospérité dans ce qu'elle a de plus digne est un triomphe magnifique du génie civilisateur de la France. » Qu'ils lisent l'écrivain péruvien Ventura Garcia Calderón, dont l'œuvre est en partie écrite en langue française, et qui explique les mille et une raisons qu'il y a d'aimer la France. Qu'ils songent à l'Uruguay qui, en juillet 1915, a décrété que le 14 juillet serait un jour de fête nationale, par solidarité, par fraternité avec la France !

Mais, comme il n'y a plus, dans notre pays, de collèges, séminaires, maisons mères tenus par des religieux, dans peu d'années, par impossibilité de recrutement, il est à craindre que l'influence française disparaisse au profit d'autres nations dont les gouvernements savent mieux apprécier les services rendus par les communautés religieuses.

Rappelons ce qu'a dit Clemenceau en janvier 1917, après que de nombreux religieux se sont mis à la disposition des armées : « Il serait monstrueux de chasser de nouveau, la guerre terminée, les gens aux soins desquels on a été trop heureux de confier nos nombreux blessés qui, sans eux, n'en auraient reçu aucun. La séparation, la loi des associations, dans leur forme actuelle, constituent de lourdes fautes. La guerre peut fournir des occasions de les réparer. Il serait inique, donc impolitique, de les laisser s'enfuir. »

Enfin, l'Alliance française, dont le but est de faire rayonner notre langue et notre culture à l'étranger, joue un rôle important en Amérique du Sud, en dispensant notamment des cours de français. C'est une organisation récente : elle voit le jour en 1883, à l'initiative de Paul Cambon, chef de cabinet de Jules Ferry, alors ministre de l'Instruction publique et des Beaux-Arts. Elle a plusieurs antennes en Argentine, au Brésil, au Chili, en Colombie, et elle est présente aussi à Panama, à Assomption (Paraguay), à Lima, à Mexico et Saint-Domingue.

À Mexico, le 8 août 1918, est inauguré, en présence du chargé d'affaires de France, un salon de lecture alliadophile ; il en existe déjà un à Guadalajara. À Santiago du Chili, l'Alliance compte cinq cents à sept cents élèves inscrits. Sont organisées des réunions mensuelles, sorte d'académie littéraire et artistique, des conférences, une fête littéraire. Le public est divers : des lycéens, des employés, des enseignants, des membres de la haute société, du corps diplomatique... En 1912, à la *Biblioteca Nacional* du Chili sont empruntés 11 366 ouvrages en français, soit 43 % des livres lus. L'apprentissage et la bonne maîtrise de la langue française apparaissent comme le moyen le plus efficace de défendre l'influence française et de former des francophiles. L'importance accordée aux relations culturelles dans le domaine international est un fait nouveau qui prend de l'ampleur pendant la Grande Guerre au cours de laquelle la propagande apparaît comme un moyen, pour la France, d'avoir des alliés dans des pays éloignés. En 1915 sont créés un Bureau des écoles et des œuvres françaises à l'étranger et un Office de relations publiques et de propagande.

Dans la colonie française on s'émeut de constater que les enfants oublient la langue de leurs ancêtres, perdent peu à peu les traditions..., et l'amour de la patrie. Pourquoi ne pas y remédier en organisant également des caravanes scolaires, des voyages qui permettraient à des étudiants chiliens de séjourner en France[19] ?

Ludovic Gaurier reçu par la famille Widmer Berthet, à Traiguén, le 28 août 1918. Cliché Luis Schulthess.

---

[19] Les ancêtres d'Erasmus !

Rio Magdalena, mai 1917.

Une lutte par plumes interposées

Ludovic Gaurier est envoyé par-delà les mers pour défendre les intérêts de la France et contrer la propagande allemande. L'économie étant le nerf de la guerre, le gouvernement français tente de convaincre les pays d'Amérique latine de cesser tout commerce avec l'Allemagne. Le sénateur Pierre Baudin avait déjà conduit une mission commerciale en Amérique latine. « Le devoir, déclare-t-il en mars 1915, me commande d'aller au loin servir la France. Je pars chargé d'une mission officielle en Amérique du Sud. Nous y comptons des amitiés qui, envers et contre toutes les propagandes allemandes, nous sont restées fidèles. Ces peuples appartiennent à la civilisation latine. Ils ne peuvent rester absolument indifférents à la guerre qu'a déchaînée l'Allemagne. »

Par voie de presse, par le biais de conférences, d'ouvrages, d'associations, de ligues créées à cet effet, de bulletins, comme le *Bulletin du Cercle français Saint-Louis*, mensuel dont le premier numéro paraît en avril 1914, les intellectuels ont joué un rôle important dans les représentations de la Grande Guerre. Par exemple, le cercle Saint-Louis est fondé à Buenos Aires sur l'initiative de religieux français. *Dieu, Patrie, Solidarité chrétienne* sont inscrits sur son écusson. Ce cercle a pour but de regrouper les membres de la colonie française, afin qu'ils se soutiennent dans la foi, dans l'amour du pays natal, et qu'ils aient ainsi le moyen de mieux se connaître et de s'entraider.

Chaque année, le 25 août, ce cercle célèbre la fête de son saint patron par une cérémonie religieuse qui a lieu dans la chapelle du collège de La Salle, et par une matinée musicale et littéraire qui se déroule dans la salle des fêtes du collège

Saint-Joseph. On remarque la présence des ministres de France, Belgique, Suède, et l'on peut y entendre la soprano Zoraida Corucci, née à Buenos Aires, et le violoniste Aldo Tonini, diplômé du conservatoire de Milan.

Des intellectuels sud-américains se mobilisent également après la déclaration du conflit, rejoignant les alliadophiles. Le diplomate et romancier brésilien Graça Aranha dénonce la présence allemande en Amérique du Sud et déclare : « Qui nous empêche de céder aux Alliés les milliers de fusils, les munitions qui nous sont inutiles ? » À Buenos Aires paraît, en 1916, une petite brochure, *La République argentine et la guerre européenne*, vendue au bénéfice de la Croix-Rouge française et des familles des universitaires tombés au champ d'honneur : elle renferme deux études, l'une signée par Manuel Carlés, professeur à l'Université de Buenos Aires, l'autre par Raymond Wilmart de l'Académie de droit et sciences sociales.

Manuel Carlés insiste sur les liens que l'Argentine a tissés avec la France : « Dans nos écoles littéraires, dans nos cénacles artistiques, dans les académies scientifiques des trois universités, dans les salons de l'aristocratie, la France était révérée à l'égal de l'Athènes de Périclès. Une chaude inspiration de beauté, une ample conception de la solidarité sociale, de nouveaux rythmes d'harmonie égalitaire, nous arrivaient de cette France, amie du talent, des philosophes, des artistes, de la science transcendantale et du rêve idéal. Il n'est donc pas surprenant que la femme argentine des hautes classes, dont la beauté proverbiale est rehaussée par une irréprochable élégance, éprouvât pour Paris la reconnaissance de ce que Paris seul peut offrir au bon goût, à l'élégance de la femme délicate et distinguée, dans le monde entier. L'Argentine épousa la cause alliée par amour de la France. »

Quant à Raymond Wilmart, il explique que si les Argentins ont adopté d'emblée, pendant cette guerre, les couleurs des Alliés, c'est parce qu'il « s'agit en premier lieu de l'humanité, de sa marche en avant qu'on veut arrêter, de ses droits immédiats à l'autonomie dans chaque groupe, et de ses droits suprêmes dans la marche progressive de l'espèce humaine vers la justice, la paix et le bonheur. »

Le poète argentin Pedro Bonifacio Palacios, dit Almafuerte, dans l'un de ses poèmes les plus célèbres, *Apostrophe,* composé le 29 décembre 1915, s'élève avec violence contre l'empereur Guillaume II de Hohenzollern, « aux mains rougies du sang de millions d'innocents » et contre tous les dictateurs et les tyrans. Sous sa plume, l'Histoire ne devient qu'un « pauvre mot – un pauvre mot qui sonne haut, une clameur dans le désert, rien de plus. » Il dédie ce poème à ses amis, les docteurs Carlos Madariaga et Francisco A. Barroetaveña, qui furent les premiers Argentins à défendre la France, à lutter pour le droit contre la barbarie. Carlos Madariaga préside le comité franco-argentin. Un article, paru dans *Le Figaro* du 5 août 1917, rappelle qu'il a été « l'un des apôtres de l'union entre la France et la République argentine », et le fondateur, le promoteur du comité de l'exposition de guerre alors organisée à Buenos Aires, avec le concours du gouvernement français : les fusils brisés, les casques bosselés, percés par des balles, les uniformes déchiquetés, les obus, un petit canon qui servit à défendre Liège, un obusier allemand de 105, l'avion de chasse du capitaine Robert de Beauchamp, commandant l'escadrille 23 et qui est mort sur le front de Verdun..., sont autant d'objets et d'engins destinés à évoquer les combats menés, les luttes à soutenir. En septembre 1917, la section des Beaux-Arts ouvre un musée temporaire, en exposant cent vingt-neuf toiles de maîtres français et vingt bronzes.

La propagande n'est pas un vain mot. Celle des Allemands, très organisée, n'est pas restée sans succès. En Amérique latine, toute personne un tant soit peu en vue, recevait régulièrement, dans son courrier, des livres, des brochures, des journaux illustrés publiés en espagnol. Les Alliés, quant à eux, envoient à leurs représentants officiels quelques brochures, des ouvrages que de dévoués correspondants s'empressent de distribuer dans les haciendas, les salons, avec l'instante recommandation de « faire passer dans le plus de mains possible. » D'autre part, alors que la distribution de ces documents par les représentants alliés engendre des frais importants en timbres-poste, les envois faits directement depuis l'Allemagne ne coûtent rien en affranchissement puisqu'il s'agit d'un service officiel.

En Bolivie, les Allemands possèdent des journaux comme la *Vanguardia* qui paraît trois fois par semaine. *El Tiempo, El Diario* montrent de la sympathie pour les Alliés. Les Alliés, quant à eux, peuvent recevoir *L'Image de la guerre*, une revue illustrée. La guerre se fait par plumes interposées. L'homme politique Antonio Fabra Ribas, qui a collaboré à plusieurs journaux, n'hésite pas à écrire : « La France ne peut pas se désintéresser de ces vingt républiques américaines habitées par quatre-vingts millions de Latins, qui constitueront demain, avec les États-Unis, l'axe de la politique mondiale. Pendant la guerre, et après la guerre, grâce surtout à l'activité de la France, l'influence de l'Allemagne – notamment de l'Allemagne militariste et semi-féodale – dans le sud et le centre d'Amérique, devrait être réduite à l'impuissance. »

Il n'est donc pas étonnant que Ludovic Gaurier, qui faisait de la propagande directe, ait rencontré des difficultés, même parfois au Chili, ce pays que, comme son père, le capitaine au long cours Antoine-Victor Gaurier, il a tant aimé et où il aurait aimé revenir. Le journaliste et écrivain Georges Hoog publie dans le bulletin du Comité catholique de propagande française, dont il est le secrétaire permanent, des passages de lettres qu'il reçoit de l'étranger. Le 15 septembre 1918, après avoir évoqué l'abbé Gaurier, il retient les lignes suivantes, envoyées depuis le Chili : « On commence à se rendre compte de l'empire qu'avaient les Allemands sur ce petit pays, riche d'avenir, mais dont la France a presque cessé de s'occuper activement depuis trente ans. »

Albert, roi des Belges, a témoigné sa reconnaissance à Ludovic Gaurier, en le nommant chevalier de l'ordre de Léopold II, le 24 février 1920. Hyacinthe Lefeuvre-Méaulle, qui vient d'être nommé par la France ministre plénipotentiaire à Santiago du Chili, écrit à Ludovic Gaurier, le 4 août de cette même année :

« À la requête de M. Charmanne, ministre de Belgique au Chili, j'ai l'honneur de vous transmettre sous ce pli :

« 1) la croix de chevalier de l'ordre de Léopold II ;

« 2) l'arrêté royal qui vous confère cet ordre ;

« 3) le récépissé réglementaire que vous aurez à retourner aux services compétents du ministère des Affaires étrangères à Bruxelles.

« Bien que je n'aie pas eu le plaisir, jusqu'à présent, de vous rencontrer sur ma route, je sais l'excellent Français que vous êtes et je suis au courant des éminents services que vous avez rendus au rayonnement de l'influence française à l'étranger. »

Bibliographie

ALVARO M. VALENZUELA F., *Padres franceses en el valle de Marga Marga* (2008).

CILBRIN E., *L'hôpital français de Buenos Ayres. La société philanthropique et de bienfaisance française du río de la Plata.*

FERNANDEZ-DOMINGO Enrique, *Le négoce français au Chili : 1880-1929*, Presses universitaires de Rennes, 2006.

FREYCINET Louis de, *Voyage autour du monde entrepris par ordre du Roi, en 1817, 1818, 1819, 1820,* Paris, Pillet aîné, 1827.

GAURIER Ludovic, « La propagande touristique », *Revue de géographie commerciale*, janvier-mars 1919, pp. 5 à 13.

GAY-SYLVESTRE, *Unuma Tejemonae, de Cantaous à Coromoto : l'œuvre des religieuses de Saint-Joseph de Tarbes au Venezuela (1843-2000)*, Presses Universitaires, Limoges, 2004.

HURET Jules, *En Argentine, De Buenos Aires au Gran Charco*, vol. 1 ; *De la Plata à la cordillère des Andes,* vol. 2, Paris, Eugène Pasquelle, 1911-1913.

MOISAN Michel, *Pierre Baudin (1863-1917), Un radical-socialiste à la Belle Époque,* Thèse, Université d'Orléans, 5/11/2009.

RONDET-SAINT Maurice, *Les intérêts maritimes français dans l'Amérique latine,* Payot et Cie, Paris, 1920.

SAINT-HILAIRE Auguste, *Voyages dans l'intérieur du Brésil*, second tome, Librairie Gide, Paris, 1833.

Bulletin du Cercle français Saint-Louis, Buenos Aires, 15 janvier 1916 ; 15 février 1916 ; 15 octobre 1918.

Bulletin de Propagande française à l'étranger, 15 septembre 1918.

Bulletin de la Société de Géographie commerciale de Paris, 1917.

Bulletin de la Société de géographie du Québec, vol. 12, n° 1, janvier-février 1919, Québec, 1919.

Comité d'études commerciales Valparaiso, circulaire n° 2, Valparaíso, juin 1915 ; n° 3, juillet 1915 ; n° 6, novembre 1915.

Documents diplomatiques français, 1915 (15 septembre-31 décembre), t. III.

El Malleco, martes 27 de agosto de 1918, n° 106, Traiguén, Chili.

France-Amérique, magazine, n° 70, octobre 1917. Revue mensuelle du comité France-Amérique ; juillet-décembre 1918.

La Croix, vendredi 8 mai 1914 ; samedi 28 avril 1917 ; vendredi 19 mars 1920 ; 24 septembre 1931.

La Géographie, bulletin de la Société de géographie, 1918, t. 32, Masson et Cie éditeurs ; t. 44, 1925.

Revue internationale de l'enseignement, « Le Président de la République du Brésil à la Sorbonne », pp. 241-246, 1919.

Touring-Club de France, revue mensuelle, 1916/11 ; 1916/12.

Table des matières

Préface 9
L'été 1914.. 11
Chronique d'un départ annoncé.................................. 15
Traversée de Bordeaux à Buenos Aires........................ 21
Le premier séjour en Amérique du Sud........................ 41
De Valparaíso à Bordeaux... 51
De Bordeaux à Bogotá 69
Un second séjour mouvementé................................... 91
Un conférencier en temps de guerre...........................123
Propagande et tourisme...137
L'œuvre des congrégations religieuses 153
Une lutte par plumes interposées 175
Bibliographie..181
Table des matières...183

Structures éditoriales
du groupe L'Harmattan

L'Harmattan Italie
Via degli Artisti, 15
10124 Torino
harmattan.italia@gmail.com

L'Harmattan Hongrie
Kossuth l. u. 14-16.
1053 Budapest
harmattan@harmattan.hu

L'Harmattan Sénégal
10 VDN en face Mermoz
BP 45034 Dakar-Fann
senharmattan@gmail.com

L'Harmattan Congo
219, avenue Nelson Mandela
BP 2874 Brazzaville
harmattan.congo@yahoo.fr

L'Harmattan Cameroun
TSINGA/FECAFOOT
BP 11486 Yaoundé
inkoukam@gmail.com

L'Harmattan Mali
ACI 2000 - Immeuble Mgr Jean Marie Cisse
Bureau 10
BP 145 Bamako-Mali
mali@harmattan.fr

L'Harmattan Burkina Faso
Achille Somé – tengnule@hotmail.fr

L'Harmattan Togo
Djidjole – Lomé
Maison Amela
face EPP BATOME
ddamela@aol.com

L'Harmattan Guinée
Almamya, rue KA 028 OKB Agency
BP 3470 Conakry
harmattanguinee@yahoo.fr

L'Harmattan Côte d'Ivoire
Résidence Karl – Cité des Arts
Abidjan-Cocody
03 BP 1588 Abidjan
espace_harmattan.ci@hotmail.fr

L'Harmattan RDC
185, avenue Nyangwe
Commune de Lingwala – Kinshasa
matangilamusadila@yahoo.fr

Nos librairies
en France

Librairie internationale
16, rue des Écoles
75005 Paris
librairie.internationale@harmattan.fr
01 40 46 79 11
www.librairieharmattan.com

Librairie des savoirs
21, rue des Écoles
75005 Paris
librairie.sh@harmattan.fr
01 46 34 13 71
www.librairieharmattansh.com

Librairie Le Lucernaire
53, rue Notre-Dame-des-Champs
75006 Paris
librairie@lucernaire.fr
01 42 22 67 13